职业教育课程改革系列教材

三维动画制作
（3ds Max 2009 中文版）

向　华　主　编
曾　敏　副主编

电子工业出版社·

Publishing House of Electronics Industry

北京·BEIJING

内 容 简 介

本书是为适应职业教育媒体技术、计算机动漫制作专业的需要而编写的。全书采用任务驱动模式，提出了 25 个兼具实用性与趣味性的具体任务，介绍了 3ds Max 2009 中文版在建模、材质、灯光、摄像机和动画等方面的基本使用方法和操作技巧。通过大量的工作任务实施和上机实战训练，突出了对实际操作技能的培养。

本书附有一张配套光盘，为"三维动画"课程的教学提供了方便。其中的"任务相关文档"文件夹提供了各章所有任务的实施结果及相关素材，"场景"文件夹提供了完成部分任务及上机实战所需要的场景文件，"实训"文件夹提供了上机实训的操作结果，"材质"文件夹则提供了各类常用材质贴图。

本书既可作为职业院校有关专业的"三维动画"教材，也可作为相关培训教材和三维动画爱好者的自学参考书。

图书在版编目（CIP）数据

三维动画制作：3ds Max 2009 中文版 / 向华主编. —北京：电子工业出版社，2013.3

职业教育课程改革系列教材

ISBN 978-7-121-18936-4

Ⅰ. ①三… Ⅱ. ①向… Ⅲ. ①三维动画软件－中等专业学校－教材 Ⅳ. ①TP391.41

中国版本图书馆 CIP 数据核字（2012）第 271140 号

责任编辑：关雅莉

印　　刷：三河市鑫金马印装有限公司

装　　订：三河市鑫金马印装有限公司

出版发行：电子工业出版社

　　　　　北京市海淀区万寿路 173 信箱　邮编　100036

开　　本：787×1 092　1/16　印张：16.5　字数：422.4 千字

版　　次：2013 年 3 月第 1 版

印　　次：2016 年 7 月第 2 次印刷

定　　价：34.00 元（含光盘 1 张）

凡所购买电子工业出版社图书有缺损问题，请向购买书店调换。若书店售缺，请与本社发行部联系，联系及邮购电话：（010）88254888，88258888。

质量投诉请发邮件至 zlts@phei.com.cn，盗版侵权举报请发邮件至 dbqq@phei.com.cn。

本书咨询联系方式：（010）88254617，luomn@phei.com.cn。

前　言

3ds Max 是一种非常流行的专业三维动画制作软件，在动画、多媒体、游戏、影视、广告和效果图设计等领域有着广泛的应用。目前，在中职、高职高专等各种层次的计算机应用、软件技术和数码娱乐等专业，均将三维动画制作设置为专业必修课之一。

本教材是为适应职业院校媒体技术专业、计算机动画专业的需要而编写的，其使用对象为三维动画的初学者。本书介绍了 3ds Max 2009 中文版的基本使用方法和操作技巧，在编写上具有以下特色：

1．采用任务驱动模式

全书共提出了 25 个工作任务。每章按知识体系划分为若干节，而每一节则以一个涵盖相关知识点的工作任务为主线，通过"预备知识"→"任务实施"→"知识链接"，在学习基本知识点的基础上，提出明确的任务目标和任务内容，并通过制作思路分析和图文并茂的操作步骤来完成任务的实施。同时，在完成每一个工作任务的基础上，再介绍知识点的扩展应用。

2．强调实际操作技能的训练

本书在每一章的末尾，均通过"拓展训练"给出了目标明确的上机实训任务，其中，针对每个上机任务指出了技能训练重点，突出了对实际操作能力的培养。每章末尾的"习题与实训"部份，除了填空题和问答题之外，还布置了一个不带提示的操作题，以给学生树立必要的挑战，充分调动其学习积极性。

本教材在编写上力求做到语言简洁、图示详细。在工作任务的设计上既注重对相关知识点的涵盖，又注重实用性、趣味性，以及可拓展性。在各个效果图的展示方面则尽可能做到构图及色彩的协调和完美。

为了给教学提供方便，本书附了一张配套光盘，其中的"任务相关文档"文件夹提供了各章所有任务的实施结果及相关素材，"场景"文件夹提供了完成部分任务及上机实战所需要的场景文件，"实训"文件夹提供了上机实训的操作结果，"材质"文件夹则提供了各类常用材质贴图。

本书的第 1～6 章及第 9 章由成都职业技术学院的向华副教授编写，第 7、8 章由成都职业技术学院的曾敏老师编写。成都职业技术学院计算机系的向宇、李扬、刘静、韩艳、雷春燕、汪剑、杨焰、牟奇春等老师对本书的编写给予了许多帮助，并为本书的图片处理和校对做了大量的工作，在此表示衷心的感谢！

由于编者水平有限，书中疏漏和不足之处难免，敬请读者批评指正。

编者
2012 年 8 月

前　言

目　录

第1章 体验 3ds Max 2009

内容导读

　　Autodesk 3ds Max 是一个非常优秀并享有盛誉的三维动画制作软件，其功能集建模、建材质、场景设计、动画制作于一体。3ds Max 广泛应用于影视广告设计制作、建筑装潢设计制作、工业设计、影视特效、虚拟现实场景设计等领域。Autodesk 3ds Max 2009 与之前的版本相比，引入了新的、节省时间的动画和贴图工作流程工具，以及开创性的新的渲染技术，提高了 3ds Max 与行业标准产品的互操作性和兼容性。

　　本章重点展示 3ds Max 2009 中文版的概貌，并通过两个简单的入门动画介绍 3ds Max 2009 的基本功能、一般工作流程和工作界面，以及选择对象、变换对象、克隆对象等最常用和最基本的操作。

知识要点

◎　3ds Max 2009 的一般工作流程
◎　3ds Max 2009 中文版的工作界面
◎　对象的选择
◎　对象的变换（对象的移动、旋转和缩放）
◎　对象的克隆

任务一览

任务1：制作小球弹跳动画——3ds Max 2009 的基本工作流程
任务2：制作两个大红灯笼旋转的动画——3ds Max 2009 的基本操作

1.1　任务1：制作小球弹跳动画
——3ds Max 2009的基本工作流程

1.1.1　预备知识：三维动画制作基本流程

三维动画制作的基本流程如下。

1．编制脚本

脚本是动画的基础，需要在脚本中确定动画的每一个情节，并绘制造型设计及场景设计的草图。

2．创建模型

根据前期的造型设计及场景设计，完成相关模型的创建。这是三维动画制作中很繁重也很关键的一项工作。在 3ds Max 中创建模型时，可以从三维几何基本体开始，也可以使用二维图形作为放样或挤出对象的基础，还可以将对象转变成多种可编辑的曲面类型，然后通过拉伸顶点和使用其他编辑工具进一步建模。

常用的三维建模软件除了 3ds Max 外，还有 Maya 等。

3．使用材质及贴图

给模型指定材质及贴图，可使模型具有逼真的、生动的视觉效果。材质即材料的质地，具体体现在物体的颜色、透明度、反光度、反光强度、自发光及粗糙程度等特性上。贴图是指把二维图片通过软件的计算贴到三维模型上，形成表面细节和结构。

在 3ds Max 中使用【材质编辑器】即可完成设计材质及应用材质的操作。

4．设置灯光和摄像机

灯光起着照明场景、投射阴影及增添氛围的作用，可以创建各种属性的灯光来为场景提供生动的照明效果。

创建摄像机的目的是实现镜头效果，同时也方便场景的观察。摄像机的位置变化也能使画面产生动态效果。在 3ds Max 中创建的摄影机能够像在真实世界中一样，控制镜头的长度和视野，以及实现镜头的平移、推拉等功能。

5．制作动画

根据脚本中的动画设计，对已完成的造型和场景制作一个个动画分镜头。在 3ds Max 中，简单的动画可直接通过动画控制区的相关按钮进行制作，而较复杂的动画则需要通过动画曲线编辑器和动画控制器来实现。

6．渲染动画

三维动画必须经过渲染才能输出，从而得到最后的静态效果图或动画。渲染由渲染器来完成，不同的渲染器提供了不同的渲染质量，渲染质量越高，渲染所需的时间也就越长。

使用 3ds Max 的渲染器不仅可以给场景着色，而且还能实现光线跟踪、运动模糊、体积光照明和环境效果。

7. 动画后期合成

后期合成是指按照脚本的要求，利用非线性编辑软件将各个动画分镜头连在一起，从而生成动画影视文件。在后期合成的过程中，可以加入声音、字幕，以及设置视频特效等。对影视类三维动画而言，后期合成是必不可少的一步。

常用的非线性编辑软件有 Adobe Premiere。3ds Max 2009 内置的 Video Post 也提供了视频后期处理及图像合成处理功能。

1.1.2　任务实施

 任务目标

① 认识 3ds Max 是一个怎样的软件，了解其主要功能。
② 了解 3ds Max 2009 的一般工作流程。
③ 熟悉 3ds Max 2009 中文版的工作界面，掌握命令面板的基本操作方法。

 任务描述

制作红色小球在木纹桌面上弹跳的动画，具体效果请参见本书配套光盘上"任务相关文档"文件夹中的文件"任务 1.max"和"任务 1.avi"，其静态渲染图如图 1-1 所示。

图1-1　在桌面上弹跳的小球静态渲染图

 制作思路

① 创建长方体和球体，将长方体作为桌面模型。
② 为球体指定红色材质，为长方体指定木纹材质。
③ 使用移动工具制作小球在桌面上弹跳的动画。

 操作步骤

1. 启动 3ds Max 2009

双击 Windows 桌面上的 3ds Max 2009 图标，即可启动 3ds Max 2009，进入其主界面，

如图 1-2 所示。

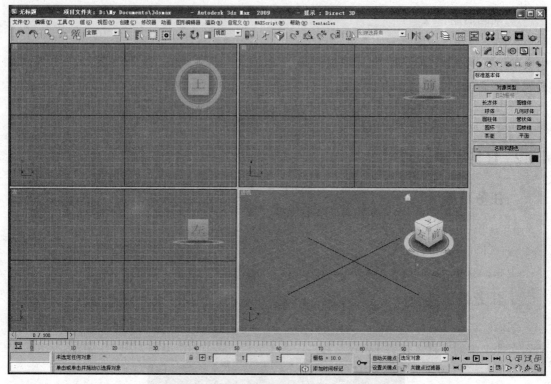

图1-2　3ds Max 2009中文版的主界面

2．创建模型

（1）创建桌面。单击主界面右边命令面板【对象类型】卷展栏中的【长方体】命令按钮，这时，该按钮呈黄色显示，表示处于选中状态。

（2）把鼠标光标移到左上方的顶视图中，这时光标变成十字形状。将光标移至顶视图的左上角，按下鼠标左键向右下方拖动鼠标，使视图中出现一个矩形，在适当的位置处放开鼠标左键，继续向上移动鼠标产生长方体的高度，在适当的位置单击鼠标左键结束操作。这时，从右下方的透视图中可以看到创建好的长方体。

（3）为长方体命名。在命令面板的【名称和颜色】卷展栏内，将光标移到显示有"Box01"的文本框中双击鼠标，再输入"桌面"，这样，就把刚创建的长方体的名称由默认的"Box01"更名成了"桌面"。

（4）设置长方体的参数。在命令面板的【参数】卷展栏中，将【长度】、【宽度】、【高度】的值分别设置为100、100、10。

（5）单击主界面右下角的【所有视图最大化显示】按钮 ⊞，使长方体在各个视图中最大化显示出来，如图 1-3 所示。

（6）创建球体。单击命令面板【对象类型】卷展栏中的【球体】命令按钮，然后把光标移到顶视图中，按下左键拖动鼠标，这时视图中出现一个球体，放开鼠标左键即可结束操作。在命令面板的【名称和颜色】卷展栏内，将创建好的球体名称由默认的"Sphere01"更名为"小球"，再在【参数】卷展栏中，将【半径】的值设置为10。

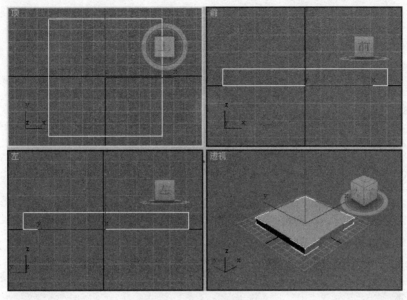

图1-3　用作桌面的长方体

此时，从前视图和左视图中可以看出，球体陷进了桌子内部，如图 1-4 所示。下面，把球体移到桌子的上方。

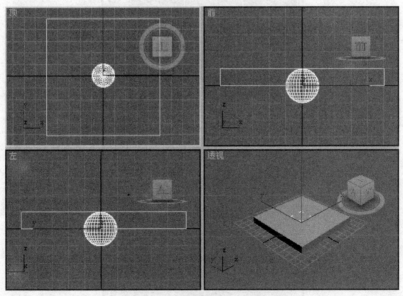

图1-4　球体的初始位置

（7）单击视图上方工具栏中的【选择并移动】按钮✥，再把光标移到前视图内单击选择球体。将光标定位在球体处，这时光标变成十字箭头状，按下左键向上拖动鼠标，把球体移至桌面的上方，然后放开鼠标左键结束操作。调整后的球体位置如图 1-5 所示。

3．指定材质

（1）设置球体的材质。在任一视图中选择球体，然后单击工具栏右侧的【材质编辑器】按钮❖，打开如图 1-6 所示的【材质编辑器】窗口。

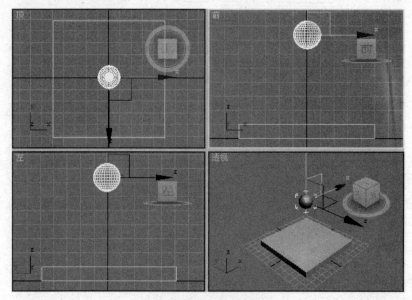

图1-5　调整后的球体位置

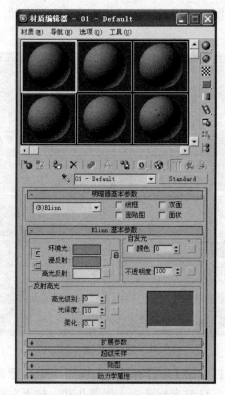

图1-6　【材质编辑器】窗口

（2）单击示例窗下方的【将材质指定给选定对象】按钮，这样，就把示例球所示的材质指定给了球体。从视图中可以看到，球体变成了与第一个示例球相同的灰色。

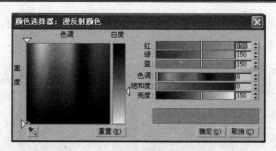

图1-7 【颜色选择器】窗口

（3）在【Blinn 基本参数】卷展栏中，单击【漫反射】色样，打开如图 1-7 所示的【颜色选择器】，将漫反射颜色调整为红色，然后关闭颜色选择器。可以看到，材质编辑器中的第一个示例球颜色变成了红色，同时，视图中的球体也变成了红色。

（4）设置桌面的材质。在任一视图中单击选择长方体，然后在材质编辑器中单击选择第二个示例球，再单击 按钮，将第二个示例球的材质指定给桌面。在【Blinn 基本参数】卷展栏中，单击【漫反射】色样右侧的空白小按钮，在弹出的【材质/贴图浏览器】窗口中，双击【木材】。这时，可以看到第二个示例球上出现了木纹图案。

（5）单击示例窗下方的【在视口中显示标准贴图】按钮 ，使透视图中的长方体上也显示出与第二个示例球相同的木纹图案，如图 1-8 所示。最后关闭【材质编辑器】窗口。

图1-8 桌面的材质效果

4．布置灯光

虽然现在还没有在场景中布置灯光，但从透视图中仍然能观察到场景中的桌面和球体这两个对象，这是因为 3ds Max 提供了默认的光源。不过，默认的光源并不能使物体产生阴影效果。下面，在场景中创建一个能产生阴影的聚光灯。

（1）创建聚光灯。单击命令面板中的【灯光】按钮 ，在【对象类型】卷展栏中显示出用于创建不同类型灯光的命令按钮。单击其中的【目标聚光灯】按钮，该命令的控制选项即出现在命令面板的下方区域。在【常规参数】卷展栏中，勾选【阴影】下面的【启用】复选框。

（2）把光标移到顶视图中，这时光标变成十字形状。在顶视图的右下角按下鼠标左键向左上方拖动鼠标，当十字光标定位在球体处时，放开鼠标左键结束操作。

这时，从透视图中可以看出，创建聚光灯之后场景变暗了，这是因为只要在场景中创建了灯光，系统就会自动关闭默认的光源。

（3）调整聚光灯的照射角度。单击工具栏中的 ✛ 按钮，参照图1-9 所示，在前视图或左视图中向上拖动聚光灯至合适的位置。

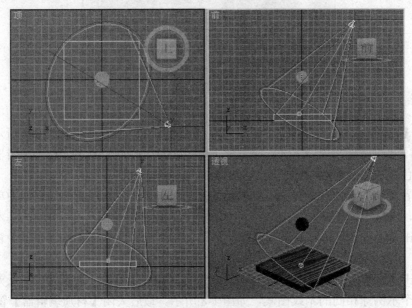

图1-9　调整聚光灯的位置

（4）渲染场景。单击透视图，使该视图处于激活状态。单击工具栏右侧的【渲染产品】按钮 ◉，渲染透视图。从渲染效果中可以看到聚光灯投下的阴影，如图 1-10 所示。这时场景的光效明暗反差较大。下面再创建一个作为辅助光源的泛光灯，以增强场景的照明效果。

（5）创建泛光灯。在创建灯光的命令面板中，单击【泛光灯】按钮，再在顶视图的左下方单击鼠标左键，创建一个泛光灯。再次渲染透视图，效果如图 1-11 所示。

图1-10　聚光灯的照射效果　　　　　　　图1-11　创建泛光灯后的照明效果

5．制作动画

一个动画由若干幅动作连续的画面（称为"帧"）组成，注意观察左视图下方的时间滑块 ▭ 0 / 100 ，其上的数值表示动画的总长度为 100 帧，当前帧是第 0 帧。在 3ds

Max 中制作动画时，并不需要逐一设置好动画过程中的每一帧，而只需设置关键动作所在的帧（关键帧）就可以了，系统会自动生成关键帧之间的过渡画面。

在球体弹跳的动画中，有三个关键动作，第一个是球体下落之前的起始状态，这即是球体在第 0 帧的状态，第二个关键动作是球体落到桌面上时的状态，第三个则是球体向上弹回原处时的状态。所以，只需要在动画的录制过程中，在第 50 帧处将球体下移，使之贴放到桌面上，而在第 100 帧处将球体向上移回到原处。

（1）单击透视图下方的【自动关键点】按钮，使该按钮变成深红色，进入动画录制状态。

（2）向右拖动左视图下方的时间滑块 `0 / 100` 至时间轴的中间位置，使上面的数字变为 `50 / 100`，即使当前帧变成第 50 帧。

（3）单击工具栏中的 ✛ 按钮，在前视图中单击选择球体，这时球体处出现了 X 轴（其箭头为红色）和 Y 轴（其箭头为绿色）图标。将光标移到 Y 轴上，使 Y 轴变成黄色显示，这样，就可将移动操作锁定在 Y 轴的方向上。按下鼠标左键向下拖动鼠标，将球体下移到桌面的位置，如图 1-12 所示。

注意观察时间滑块下面的轨迹栏，这时在第 0 帧和第 50 帧的位置上，出现了红色的位置关键点标记。

（4）继续拖动时间滑块到第 100 帧，再沿着 Y 轴将球体向上移回到原来的位置，如图 1-13 所示。

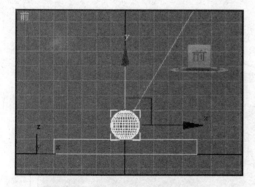 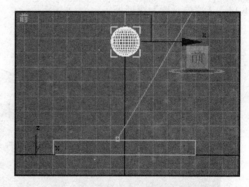

图1-12　球体在第50帧处的位置　　　　　　图1-13　球体在第100帧处的位置

为了让球体在第 100 帧处精确地回到下落前的位置，可以将第 0 帧的关键点复制到第 100 帧。具体操作方法是：按住【Shift】键，然后在轨迹栏上将第 0 帧的关键点拖动到第 100 帧。

（5）单击【自动关键点】按钮，使之恢复成灰色，结束动画的录制。

（6）预览动画。激活透视图，再单击屏幕右下方的【播放动画】按钮 ▶ 预览动画效果。这时透视图中的球体开始在桌面上跳动起来，同时 ▶ 按钮变成了 ‖。单击 ‖ 按钮即可停止动画的播放。

6. 渲染动画

（1）激活透视图，单击位于工具栏右侧的【渲染设置】按钮 🖳，弹出如图 1-14 所示的【渲染设置】对话框。

图1-14 【渲染设置】对话框

（2）在对话框的【时间输出】栏中，选择【活动时间段】选项，表示渲染的范围从第 0 帧至第 100 帧。

（3）在【渲染输出】栏中，单击【文件】按钮，再在弹出的对话框中选择要保存动画文件的路径，并输入动画文件的文件名"任务 1.avi"，最后单击【保存】按钮返回【渲染设置】对话框。

（4）单击对话框底部的【渲染】按钮，开始逐帧渲染动画。动画渲染完成后，即可关闭【渲染设置】对话框。

（5）查看动画文件。选择【文件】菜单，再在弹出的下拉菜单中选择【查看图像文件】命令。在弹出的对话框中选择刚才生成的动画文件"任务 1.avi"，再单击【打开】按钮，即可观看到动画效果。

1.1.3 知识链接：3ds Max 2009 中文版的工作界面

3ds Max 2009 的主界面布局如图 1-15 所示。

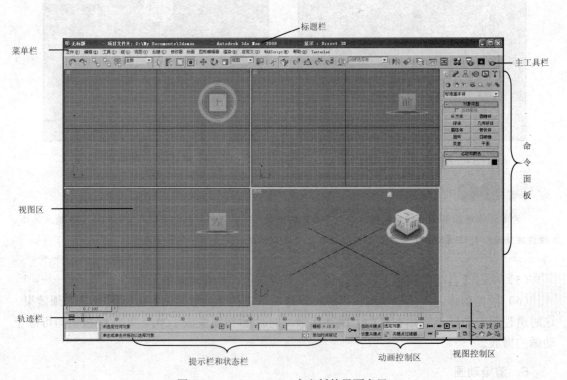

图 1-15 3ds Max 2009 中文版的界面布局

1．标题栏

标题栏位于主界面的最顶部。刚启动 3ds Max 2009 中文版时，标题栏的左端显示"无标题"。当在 3ds Max 2009 中打开一个已有的场景文件时，标题栏中将显示出该场景文件的文件名。

2．菜单栏

菜单栏位于标题栏下方，其中共有 14 个下拉式菜单项，每个菜单项中又包含了很多命令项。表 1-1 列出了常用菜单的功能。

表 1-1　3ds Max 2009 中文版的常用菜单功能

菜　　单	功　能　简　介
文件	用于文件的各种操作，如：新建、打开、保存、合并、导入和导出其他三维格式文档等
编辑	用于撤消和重复对对象的操作、临时保存及恢复临时保存，以不同的方式选择对象、克隆对象，以及对象的 3 种变换操作等
工具	提供了镜像、阵列、对齐、快照等常用工具
组	将多个对象组合成一个组，或将一个组分解成多个对象
视图	提供了用于设置和控制视图的有关命令。使用鼠标右键单击视图标签也可以访问该菜单上的某些命令。
创建	用于创建标准基本体、扩展基本体、灯光、摄像机、粒子系统等各类对象，这些创建命令都可以在屏幕右侧的【创建】命令面板中找到
修改器	提供了快速应用常用修改器的方式，其中大部分命令与【修改】命令面板中【修改器列表】内的命令相同
动画	用于控制和设置动画
图形编辑器	包含了轨迹视图和图解视图的相关命令
渲染	包含了用于渲染输出和渲染设置的相关命令，如环境和效果设置、高级照明设置等，还可使用 Video Post 视频后期处理程序来合成场景和图像
自定义	让用户按照自己的喜好和习惯自定义 3ds Max 的用户界面
MAXScript	MAXScript 是 3ds Max 的内置脚本语言，该菜单提供与脚本相关的命令
帮助	提供不同类型的帮助信息，如使用【Autodesk 3ds Max 帮助】命令可打开 3ds Max 的帮助文档，使用【学习影片】命令可从打开的对话框中访问介绍 3ds Max 基本功能的影片，使用【教程】命令可显示许多效果图和动画的制作教程

下面，重点介绍经常使用的【文件】菜单和【编辑】菜单下的常用命令。

（1）【文件】菜单

【新建】　该命令将清除当前场景中的内容，并新建一个 Max 文件。

【重置】　该命令将清除当前场景中的所有内容及数据，并使系统恢复成启动时的默认状态。

【打开】　该命令用于打开一个扩展名为.max 的场景文件。选择该命令后，即弹出【打开文件】对话框，可在该对话框中选择要打开的场景文件。

【保存】和【另存为】　【保存】命令用于保存当前场景文件，如果当前场景一次都没有保存过，那么保存命令将弹出一个对话框，可在该对话框中指定保存文件的位置，并为要保存的文件命名。如果当前场景文件已经存在，那么使用【保存】命令时将直接用已更新的内容覆盖原有的文件。【另存为】命令用于另存当前场景，该命令将弹出一个【文件另存为】

对话框，可在该对话框中重新指定保存文件的位置，并可为要保存的文件重命名。

【合并】　该命令用于将其他场景文件中的对象合并到当前场景中。合并命令对于复杂场景的制作来说十分有用，可以将复杂场景中需要精细制作的对象分别放到不同的场景文件中制作，最后再通过【合并】命令把这些对象合并到一个场景中。

【导入】　该命令可以将 3ds Max 的网格文件、工程文件、AutoCAD 文件、IGES 文件、Lightscape 文件等导入到 3ds Max 中。

【导出】　该命令可以导出的文件格式有：3ds Max 的网格文件、Adobe Illustrator 文件、AutoCAD 文件、IGES 文件、Lightscape 文件等。

（2）【编辑】菜单

【撤消】和【重做】　【撤消】命令与工具栏中的 按钮作用相同，用于撤消上一次的操作。撤消级别的默认值为 20，即可连续撤消前面 20 次操作。使用【自定义/首选项】菜单可以设置撤消级别，撤消级别的值越大，就越需要更多的系统资源。【重做】命令与工具栏中的 按钮作用相同，用于重复刚才撤消的操作。

【暂存】和【取回】　【暂存】命令可以将场景的当前状态临时保存到缓冲区中，使用【取回】命令即可恢复用暂存命令保存的场景状态。暂存和取回是两个十分有用的命令。如果对即将执行的某一操作把握不大，担心会因该操作的失误而影响全局，那么就可以在执行该操作之前，使用暂存命令暂存当前的状态，以后再根据需要使用取回命令恢复保存的状态。

3. 主工具栏

主工具栏包含了使用频率较高的工具按钮，使用这些按钮可以快速执行某项操作。

（1）查看更多的图标按钮

主工具栏中的按钮较多，当屏幕分辨率为 1024×768 时，并不能完全显示所有的工具按钮。如果想看到其他更多的按钮，可以把光标移到主工具栏上两个按钮之间的空白处，当光标变成手形时，按下鼠标左键，左、右拖动工具栏。

（2）主工具栏浮动面板

拖动主工具栏左边的两条竖线，可以使主工具栏呈现出浮动面板的形式，如图 1-16 所示。浮动面板可以根据个人的喜好拖到屏幕的任意位置。

图1-16　主工具栏浮动面板

（3）按钮组

主工具栏中有一些按钮的右下角有一个小三角形，如 按钮和 按钮等。按钮右下角的小三角形表示这不是单独的一个按钮，而是一个按钮组，其中包含了若干个功能相似的按钮。把光标移到右下角有小三角形的按钮处，按下鼠标左键不放，即会弹出一组相似的工具按钮。例如，按下 按钮时，该按钮的下方会显示出 、 、 、 、 五个按钮，这 5 个按钮分别用于以不同的区域方式选择对象。

注意，除了主工具栏内有按钮组之外，屏幕右下角的视图控制区中也有按钮组，如 按

钮和 按钮等。

（4）主工具栏中的常用按钮

撤消　该按钮的功能是撤消上一次操作，单击鼠标右键则可选择撤消的步数。

重做　该按钮的功能是恢复被撤消的操作，单击鼠标右键则可选择重做的步数。

选择对象　该按钮的功能是完成对单个或多个对象的选择。

按名称选择　该按钮的功能是从名称列表中选择对象。

选择并移动　该按钮的功能是选择并移动对象。

选择并旋转　该按钮的功能是选择并旋转对象。

选择并均匀缩放　该按钮的功能是选择并等比缩放对象。

捕捉开关　该按钮的功能是精确定位捕捉三维空间中满足捕捉设置条件的任意点。

角度捕捉切换　该按钮通常用于旋转操作时的角度间隔。

镜像　对所选物体沿指定轴进行镜像翻转。

对齐　该按钮的功能是将选定对象沿指定轴向与目标对象进行对齐操作。

材质编辑器　单击该按钮可打开材质编辑器窗口。

渲染设置　单击该按钮可打开渲染设置对话框。

渲染产品　该按钮的功能是使用当前产品级渲染设置渲染场景。

4. 视图区

视图区是 3ds Max 2009 的主要工作区，用于观察并操作创建的各种对象。

（1）视图的种类

启动 3ds Max 2009 后，屏幕上会出现 4 个默认的视图，即顶视图、前视图、左视图、透视图。通过这 4 个视图，可以从 4 个不同的方位观察场景。其中，顶视图是从顶向下观察场景，前视图是从正前方观察场景，左视图是从左方观察场景，透视图则能显示出场景的透视效果。

除了上述 4 个默认的视图之外，还有底视图、后视图、右视图和摄像机视图。

顶、底、前、后、左、右 6 个视图为正视图，正视图实际上是二维效果图，其中没有角度变化和透视效果，能够准确地表现物体的宽度和高度，以及对象的空间位置。结合各个正视图，能够快速完成对象在三维空间中的准确定位。

（2）当前视图

在视图区中，总有一个视图被一个黄色外框包围，这表明该视图是当前视图。在对某个视图作调整操作时，必须先使该视图成为当前视图。

在一个视图内的任一位置单击鼠标，即可使该视图成为当前视图。

（3）切换视图

操作中，可以根据需要把一个视图切换成其他视图。方法是用鼠标右键单击视图左上角的标签，再选择【视图】，然后在弹出的视图列表中选择一种视图即可。也可以激活想要转变的视图（使之成为当前视图），再按相应的快捷键即可。用于切换视图的快捷键如下：

T —— 顶视图

B —— 底视图

F —— 前视图

K —— 后视图
L —— 左视图
R —— 右视图
P —— 透视图
U —— 正交视图
C —— 摄像机视图

（4）ViewCube

ViewCube 是 3D 导航工具，通过 ViewCube 可以方便地在各种视图之间切换。默认情况下，ViewCube 显示在视图的右上角，如图 1-17 所示。

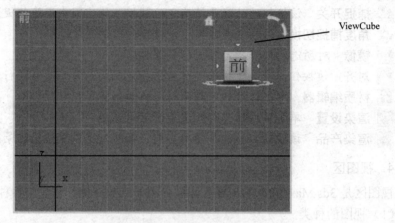

图1-17　ViewCube

ViewCube 有两种显示状态，即非活动和活动。当 ViewCube 处于非活动状态时，默认情况下它在视图上方显示为透明，这样就不会完全遮住视图中的模型。当把光标置于 ViewCube 上方时，它将变成活动状态。这时它是不透明的，并且可能遮住视图中的模型。

单击 ViewCube 上的预定义区域或者拖动 ViewCube，可以更改当前视图。预定义区域包括：角点、边和面。

◎ 单击 ViewCube 上的角点，可以根据模型的三个面将模型的视图更改为四分之三视图。

◎ 单击 ViewCube 上的边，可以根据模型的两个面将模型的视图更改为四分之三视图。

◎ 单击 ViewCube 上顶、底、前、后、左和右中的一个面，则可以将视图设置成相应的标准正交视图。

◎ 当 ViewCube 处于活动状态时，四周会出现三角形，单击某个三角形可以切换到该三角形所指示的相邻面。

◎ 将鼠标光标置于 ViewCube 上，然后拖动鼠标，可以滚动当前视图。

（5）视图的显示方式

默认情况下，顶视图、前视图、左视图中对象以【线框】方式显示，透视图中对象以【平滑 + 高光】方式显示。把光标移到视图左上角的视图标签处，单击鼠标右键，即可在弹出的快捷菜单中选择其他显示方式，如图 1-18 所示。图 1-19 显示了几种常用显示方式的效果对比。

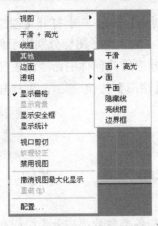

图1-18 选择视图的其他显示方式

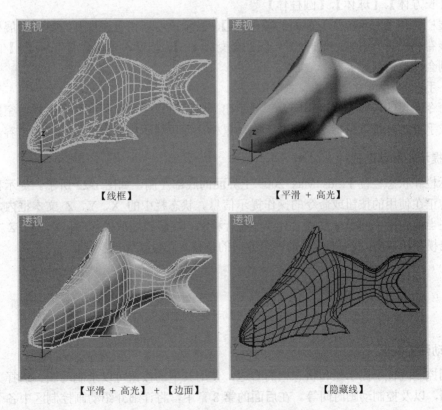

图1-19 几种常用显示方式的效果对比

5. 命令面板

命令面板是 3ds Max 2009 的核心部分,其中包括了创建对象及编辑对象的常用工具、命令以及相关参数。

(1)6 类命令面板

3ds Max 2009 提供了 6 类命令面板,分别用命令面板最上层的 6 个图标按钮进行切换,如图 1-20 所示。其中，单击【创建】按钮  打开【创建】命令面板后，该按钮下方又会出现 7 个子图标，如图 1-21 所示。这 7 个子图标分别用于创建不同类型的对象，例如，单击【几何体】按钮 ，可打开创建三维几何体的命令面板（本书将以【创建】→【几何体】的形式表示该命令面板），单击【图形】按钮 ，可打开创建二维图形的命令面板。

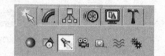

图1-20　切换不同命令面板的6个按钮　　　图1-21　【创建】命令面板中的子图标

（2）卷展栏

命令面板内的所有命令按钮和各类参数都被分类组织在不同的卷展栏中，如【创建】→【几何体】命令面板中的【对象类型】卷展栏，其中包含了用于创建各种三维几何体的命令按钮，如【长方体】、【球体】、【圆柱体】等。

卷展栏名称【对象类型】前面的符号【-】，表示该卷展栏已经展开，单击卷展栏名称，即可使该卷展栏折叠起来，这时符号【-】会变成【+】。相反，单击含有符号【+】的卷展栏名称，则会使该卷展栏展开。

（3）手形光标

当命令面板的内容太多而不能全部显示出来时，可以将光标移到命令面板的空白处，当光标变成手形时，按下鼠标左键上、下拖动鼠标，即可显示出命令面板的其余内容。

6．提示栏和状态栏

提示栏和状态栏位于 3ds Max 2009 主界面的底部左侧，如图 1-22 所示。提示栏内会显示出当前正在使用的按钮或命令的操作提示信息。状态栏中的 X、Y、Z 文本框内，会显示出光标在当前视图中的坐标位置。对模型进行移动、旋转或缩放操作时，X、Y、Z 文本框内会显示出模型沿 X 轴、Y 轴和 Z 轴三个方向的位移、角度或缩放变化值。

图1-22　提示栏和状态栏

7．动画控制区

动画控制区位于提示栏和状态栏的右边，使用其中的按钮可以录制动画、选择关键帧、播放动画，以及控制动画时间等。在后面的第 8 章中，将详细介绍动画控制区中各个按钮的用途。

8．视图控制区

视图控制区位于 3ds Max 2009 主界面的右下角，其中提供的一组图标按钮主要用于缩放视图中的显示图形，以及调整视图的观察角度。

视图控制区中的按钮会因当前视图的不同而有所变化。当前视图是顶视图、前视图、左视图等正视图或用户视图时，视图控制区中的按钮如图 1-23（1）所示；当前视图是透视图时，视图控制区中的按钮如图 1-23（2）所示；当前视图是摄像机视图时，视图控制区中的按钮则如图 1-23（3）所示。

（1）正视图和用户视图的控制按钮 　　　（2）透视图的控制按钮 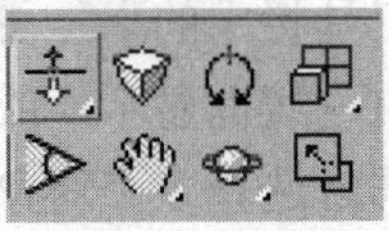　　　（3）摄像机视图的控制按钮

图1-23　视图控制区中的按钮

视图控制区中的常用按钮功能如下。

🔍 **缩放**　单击该按钮后，在某一视图中按下鼠标左键并上下拖动鼠标，可放大或缩小场景的显示。

缩放所有视图　单击该按钮后，在任一视图中按下左键并上下拖动鼠标，可放大或缩小所有视图的场景显示。

最大化显示　单击该按钮后，当前视图中的场景会以最大化方式显示。注意，这是一个按钮组，其中还包含了另一个按钮，即【最大化显示选定对象】，其功能是使当前视图中的所选对象以最大化方式显示。

所有视图最大化显示　单击该按钮后，将在所有视图中最大化显示场景。该按钮组中的另一个按钮是【所有视图中最大化显示选定对象】按钮，其功能是在所有视图中最大化显示被选择的对象。

缩放区域　按下该按钮后，可在顶视图、前视图和左视图等任一正视图内拖动鼠标，以形成一个矩形区域，被围在矩形区域内的物体会被放大至整个视图显示。区域缩放按钮对于局部观察模型和修改模型的细节非常有用。

平移视图　单击该按钮后，可在任一视图内拖动鼠标以平移观察窗口。

环绕　单击该按钮后，当前视图中会出现一个黄色圆圈，可以在圈内、圈外，以及圆圈上的 4 个顶点处拖动鼠标来改变观察角度。该按钮主要用于对透视图的调整，如果对顶视图、前视图和左视图等正视图使用了该按钮，则正视图会自动变成用户视图。

最大化视口切换　单击该按钮后，当前视图会切换至全屏显示，再次单击该按钮则会恢复到原来的视图显示状态。

视野　当前视图是透视图或摄像机视图时，该按钮才会出现。单击该按钮后，在透视图中上、下拖动鼠标，将改变观察区域的大小。

1.2　任务2：制作两个大红灯笼旋转的动画
——3ds Max 2009的基本操作

1.2.1　预备知识：对象的选择和变换

1. 选择对象

如果想对某个对象进行修改操作，那么必须先在场景中选择该对象。3ds Max 2009 提供了多种选择对象的方法，其中常用的选择对象的方法如下。

（1）单击选择对象

使用工具栏中的 、 、 或 按钮，均可在视图中单击选择对象。被选中的对象在视图中以白色线框显示，或是被一个白色的边框包围。

可以同时选择多个对象，方法是按住 Ctrl 键后再分别单击不同的对象。

（2）区域选择对象

工具栏中的区域选择工具提供了更加灵活方便的方式来选择多个对象。当按下工具栏中的 、 、 或 按钮时，可在视图中拖动鼠标形成一个选择框，被选择框包围的对象都会被选中。与区域选择相关的工具按钮有以下两组。

① 定义选择区域形状的按钮组

工具栏的 按钮组中包含了 5 个定义不同选择区域形状的按钮。

 矩形选择区域 选择该按钮时，在视图中拖动鼠标将形成一个矩形选择框。

 圆形选择区域 选择该按钮时，在视图中拖动鼠标将形成一个圆形选择框。

 围栏选择区域 选择该按钮时，在视图中通过交替使用鼠标移动和单击操作（从拖动鼠标开始），可以画出一个不规则的多边形选择框。

 套索选择区域 选择该按钮时，在视图中拖动鼠标将创建一个不规则选择区域轮廓。

 绘制选择区域 选择该按钮时，在视图中拖动鼠标将出现一个小的圆形图标，该圆形图标触及的对象都将被纳入到所选范围之内。

② 【窗口/交叉】按钮组

工具栏中的 和 按钮提供了两种不同的选择模式。这两个按钮可以通过单击按钮进行切换。

 窗口 该模式表示只选择完全位于选择区域之内的对象。

 交叉 该模式表示选择位于选择区域内，以及与选择区域边界交叉的所有对象。

（3）按名称选择对象

当场景中包含的对象较多时，用单击选择或区域选择的方法常常难以快速准确地选中对象，这时就可以采用按名称选择对象的方法。

单击工具栏上的【按名称选择】按钮 ，弹出如图 1-24 所示的【从场景选择】对话框，对话框中显示了场景内所有对象的名称，单击对象名称后再单击【确定】按钮，即可选定该对象。

图1-24 【从场景选择】对话框

创建对象时，系统会为其赋予一个默认的对象名称。当场景较复杂时，最好在命令面板的【名称和颜色】卷展栏中，给每一个创建的对象都取一个有意义的名称。

（4）建立选择集

可以为当前选定的对象指定一个选择集名称，以后就可通过从工具栏的【创建选择集】列表中选取其名称来重新选择这些对象。

建立选择集的方法是：选定一个或多个对象，然后在工具栏的【创建选择集】框中输入选择集名称，最后按 Enter 键即可。

2．组合对象

可以将场景中的两个或多个对象创建为一个组对象。将对象成组后，可以将其视为场景中的单个对象，单击组中的任一对象即可选择整个组对象。

（1）定义组

定义组的操作步骤如下：

① 选择两个或多个对象；

② 选择【组】→【成组】菜单，然后在打开的【组】对话框中输入该组的名称，最后单击【确定】按钮即可。

（2）打开与关闭组

如果想对一个组中的某个对象进行操作，则可先打开该组。打开组的操作步骤如下：

① 选择一个组；

② 选择【组】→【打开】菜单，这时组对象周围会出现一个粉红色的边界框，此时即可访问组中的各个对象。

如果要重新组合打开的组，则使用【组】→【关闭】菜单即可。

（3）分解组

使用【组】→【解组】和【组】→【炸开】菜单，都可分解组。但当一个组对象的成员中包含另一个组（嵌套组）时，【解组】命令并不能使嵌套组分解，而【炸开】命令则可以分解所有的嵌套组。

3．对象的变换

对象变换操作包括：移动对象、旋转对象和缩放对象，这些对象在创建模型及搭建场景的过程中经常需要使用到。在进行变换操作时，锁定不同的坐标轴或使用不同的变换中心，都将对操作结果产生较大的影响。

（1）移动

使用工具栏中的 ✥ 按钮，可以选择并移动对象。从不同的视图中可以观察到所选对象处会出现一个有 3 个轴的坐标系图标，即移动 Gizmo。其中，红色箭头的轴为 X 轴，绿色箭头的轴为 Y 轴，蓝色箭头的轴为 Z 轴。

将光标移到某一坐标轴上使之变成黄色显示，即可将移动操作锁定在该坐标轴的方向上。同样，将光标移到 XY、YZ 或 ZX 坐标平面上，所选坐标平面会以黄色显示，这时移动操作将锁定在所选坐标平面内。

（2）旋转

使用工具栏中的 按钮，可以选择并旋转对象。这时对象处会出现圆环状的坐标系图标，即旋转 Gizmo。把光标移到其中的蓝色圆环线上，可使旋转操作围绕 Z 轴进行；把光标移到红色圆环线上，可使旋转围绕 X 轴进行；把光标移到绿色圆环线上，则可使旋转围绕 Y 轴进行。

（3）缩放

使用工具栏中的 按钮组，可以选择并缩放对象。该按钮组中包含了以下 3 个缩放工具：

选择并均匀缩放 该按钮可以沿 X、Y、Z 三个轴均匀缩放对象，同时保持对象的原始比例。

选择并非均匀缩放 该按钮可以限制对象围绕 X、Y 或 Z 轴或者任意两个轴进行缩放。

选择并挤压 该按钮使对象在一个轴上缩放时，在另两个轴上进行相反的缩放，同时保持对象的原始体积。

如图 1-25 所示显示了对同一酒瓶进行 3 种不同缩放操作的结果。

图1-25　3种缩放效果

（4）使用变换中心

变换中心的选择将对旋转操作和缩放操作产生影响，特别是在进行旋转操作时，轴心的位置至关重要。

通过工具栏上的按钮组 ，可以选择变换操作的轴心。该按钮组中包含了以下 3 个按钮。

使用轴点中心 选择该按钮时，对象绕其轴点进行旋转或缩放。

使用选择中心 当选定了多个对象时，该按钮使用所选对象的共同中心作为变换中心。

使用变换坐标中心 该按钮使用当前坐标系的中心作为变换中心。

默认情况下，选定单个对象时，变换中心被设置为【使用轴点中心】。当选择多个对象时，默认变换中心会更改为【使用选择中心】。更改变换中心时，变换 Gizmo 坐标的原点会移到指定变换中心的位置。

1.2.2　任务实施

任务目标

① 掌握对象的选择方法，以及移动、旋转和缩放 3 种基本的变换操作。

② 理解克隆的 3 种类型，掌握克隆对象的方法。

③ 能够制作最基本的三维几何体和最简单的变换动画。

任务描述

制作两个大红灯笼旋转的动画。两个灯笼上均有"欢度国庆"字样，一个灯笼顺时针旋转，另一个则逆时针旋转。具体效果请参见本书配套光盘上"任务相关文档"文件夹中的文件"任务 2.max"和"任务 2.avi"，其静态渲染图如图 1-26 所示。

图1-26　两个大红灯笼旋转动画的静态渲染图

制作思路

① 整个灯笼模型可以由球体和圆柱体组成，对球体使用缩放工具进行适当压扁，即可得到灯笼的灯罩部分。灯笼上"欢度国庆"的字样可通过贴图材质实现。

② 将灯笼的各个部件组合成一个整体，再使用克隆的方法复制出另一个相同的灯笼。

③ 使用旋转工具制作两个灯笼旋转的动画效果。

操作步骤

1．创建模型

（1）启动 3ds Max 2009。

（2）制作灯罩。单击屏幕右边【创建】→【几何体】命令面板【对象类型】卷展栏中的【球体】命令按钮，然后把光标移到顶视图中，按下鼠标左键拖动鼠标，即可创建一个球体。在命令面板的【参数】卷展栏中，将【半径】设置为 50。

单击视图控制区中的　按钮，使球体在各个视图中最大化显示，灯罩的初始造型如图 1-27 所示。

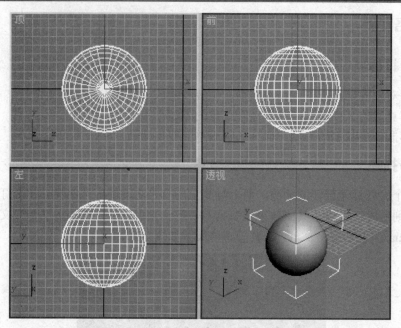

图1-27　灯罩的初始造型

（3）适当压扁球体。单击工具栏中的■按钮，然后把光标移到前视图中单击球体，这时球体上出现一个以坐标轴表示的缩放 Gizmo。将光标移到缩放 Gizmo 的 Y 轴上，使 Y 轴变成黄色，表示缩放操作只沿着 Y 轴进行。向下拖动鼠标，使球体沿着 Y 轴适当压扁，如图 1-28 所示。

（4）制作灯杆。在【创建】→【几何体】命令面板中，单击【对象类型】卷展栏中的【圆柱体】命令按钮，然后把光标移到顶视图中，按住鼠标左键拖动鼠标，确定圆柱体的圆面积的大小，释放鼠标左键后再向上移动鼠标，确定圆柱体的高度，最后单击鼠标左键结束创建圆柱体的操作。在命令面板的【参数】卷展栏中，将【半径】设置为 2，【高度】设置为 60。

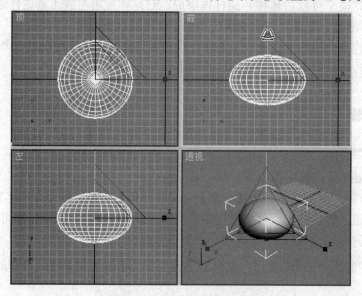

图1-28　沿着Y轴压扁球体

（5）调整灯杆的位置。在视图中单击选择灯杆，然后单击工具栏中的【对齐】按钮，再把光标移动到顶视图中单击球体，弹出【对齐当前选择】对话框。按照图 1-29 所示，在【对齐位置】栏中，只勾选【X 位置】和【Y 位置】，并在【当前对象】和【目标对象】下面，均选择【中心】选项，最后单击【确定】按钮。这样，灯杆就自动对齐在了灯罩的中心位置，如图 1-30 所示。

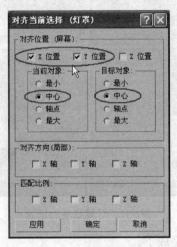

图1-29　【对齐当前选择】对话框

（6）制作灯笼底座。在【创建】→【几何体】命令面板中，选择【圆柱体】命令按钮，然后在顶视图中创建一个圆柱体。在命令面板的【参数】卷展栏中，设置【半径】为 22，【高度】为 12，【边数】为 30，并取消对【平滑】选项的勾选。

（7）调整灯笼底座的位置。使用工具栏中的【对齐】按钮，将底座对齐在灯罩的中心位置，再单击工具栏中的【选择并移动】按钮，在前视图中将底座沿 Y 轴移到灯罩的下方，如图 1-31 所示。

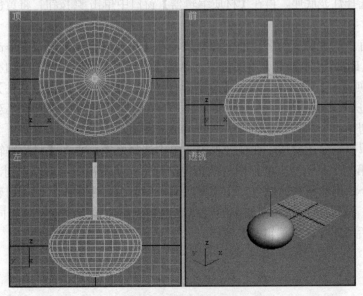

图1-30　灯杆的位置

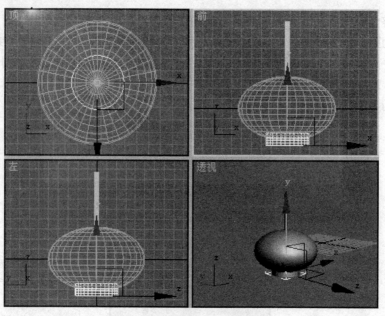

图1-31 灯笼底座的位置

至此，灯笼的整个造型就完成了。

2. 指定材质

（1）给灯杆和底座指定材质。单击工具栏右侧的【材质编辑器】按钮 ，打开【材质编辑器】窗口。在【Blinn 基本参数】卷展栏中，单击【漫反射】色样，在打开的【颜色选择器】中将漫反射颜色调整为黄色，然后关闭【颜色选择器】。这时，材质编辑器中的第一个示例球颜色变成了黄色。在任一视图中单击选择灯杆，再在【材质编辑器】窗口中单击示例球列表下方的【将材质指定给选定对象】按钮 ，将黄色材质指定给灯杆。用相同的方法，在视图中单击选择灯笼底座，再在【材质编辑器】窗口中单击 按钮，将黄色材质指定给底座。

（2）选择有"欢度国庆"字样的贴图材质。在【材质编辑器】窗口中单击选择第二个示例球，然后在【Blinn 基本参数】卷展栏中，单击【漫反射】色样右侧的空白小按钮，在弹出的【材质/贴图浏览器】窗口中，双击【位图】，最后在【选择位图图像文件】对话框中选择一幅有"欢度国庆"字样的图片（本书配套光盘上的文件"任务相关文档\素材\欢度国庆.jpg"）。这时，可以看到第二个示例球上出现了红底黄字的图案。

（3）给灯罩指定贴图材质。在任一视图中单击选择灯罩，再在【材质编辑器】窗口中单击 按钮，将第二个示例球上的贴图材质指定给灯罩。从透视图中可以看到，灯罩变成了灰色，这是第二个示例球原来的颜色。在【材质编辑器】窗口中单击示例球列表下方的【在视口中显示贴图】按钮 ，使透视图中的灯罩上也显示出与第二个示例球相同的贴图，如图1-32 所示。最后关闭【材质编辑器】窗口。

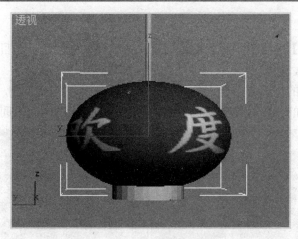

图1-32 给灯罩指定贴图材质

3．组合对象

为了方便后面制作动画，下面将组成灯笼的灯杆、灯罩和底座组合成一个整体。

（1）同时选择灯笼的各个部件。单击工具栏中的【选择对象】按钮 ，然后按住 Ctrl 键不放，在前视图中分别单击选择灯杆、灯罩和底座，使这 3 个对象同时被选中。

（2）组合各个部件。选择【组】→【成组】菜单，在弹出的【组】对话框中输入组名【灯笼】，如图 1-33 所示，最后单击【确定】按钮。

由于灯笼的各个部件被组合成了一个整体，因此在视图中单击灯笼的任何一个位置，整个灯笼都会被选中。

4．克隆灯笼

图1-33 【组】对话框

（1）单击工具栏中的【选择并移动】按钮 ，然后把光标移到前视图中单击灯笼，这时灯笼上出现移动 Gizmo。将光标移到 Gizmo 的 X 轴上，使 X 轴变成黄色显示，再按住 Shift 键不放，沿 X 轴向右拖动鼠标，这样就在移动灯笼的同时克隆出了另一个灯笼。释放鼠标左键后，弹出【克隆选项】对话框，如图 1-34 所示。单击【确定】按钮即可。

（2）参照图 1-35 所示，调整两个灯笼的位置。

图1-34 【克隆选项】对话框

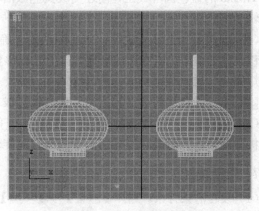

图1-35 两个灯笼的位置

5．创建摄像机

（1）打开【创建】→【摄像机】命令面板，在顶视图中创建一个目标摄像机。

（2）激活透视图，按 C 键使该视图切换成摄像机视图。

（3）调整摄像机的位置。单击工具栏中的【选择并移动】按钮，参照图 1-36 所示，在视图中移动摄像机的位置，使摄像机视图中的两个灯笼在画面的中间。

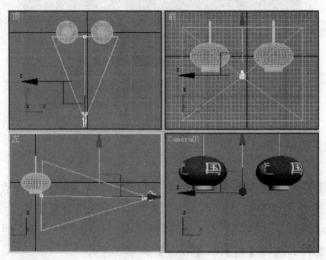

图1-36　摄像机的位置

6．制作动画

在灯笼旋转的动画中，有两个关键动作，第一个是灯笼旋转之前的起始状态，即灯笼在第 0 帧的状态，第二个关键动作是灯笼旋转了 360°后的状态。所以，只需要在动画的录制过程中，在第 100 帧处将灯笼旋转 360°即可。

（1）制作一个灯笼顺时针转动的动画。单击动画控制区中的【自动关键点】按钮，使该按钮变成深红色，进入动画录制状态。向右拖动左视图下方的时间滑块到第 100 帧的位置。

（2）单击工具栏中的【选择并旋转】按钮，再按下【角度捕捉切换】按钮锁定旋转角度。将光标移到顶视图中单击左边的灯笼，这时灯笼上会出现旋转 Gizmo 图标。把光标移到 Gizmo 的蓝色圆环线上，使之变成黄色激活状态，然后向下拖动鼠标使灯笼绕 Z 轴顺时针旋转 360°（可在窗口底部的状态栏中看到旋转角度显示为"Z：-360"）。

（3）制作另一个灯笼逆时针转动的动画。确认工具栏中的按钮和按钮被按下，把光标移到顶视图中单击右边的灯笼，再把光标移到旋转 Gizmo 的蓝色圆环线上，向上拖动鼠标使灯笼绕 Z 轴沿逆时针方向旋转 360°。

（4）单击【自动关键点】按钮，使之恢复成灰色，结束动画的录制。

（5）预览动画。激活摄像机视图，再单击屏幕右下方的按钮预览动画效果。可以从摄像机视图中看到两个灯笼分别沿不同的方向旋转的动画效果。

7．渲染动画

（1）设置渲染背景。选择【渲染】→【环境】菜单，打开【环境和效果】对话框。在【背景】栏中，单击【无】长按钮，再在弹出的【材质/贴图浏览器】窗口中，双击【位图】。然后在【选择位图图像文件】对话框中选择一幅焰火图片（本书配套光盘上的文件"任务相关文档\素材\焰火.jpg"）作为动画的背景。

（2）渲染动画。激活 Camera01 视图，单击工具栏上的【渲染设置】按钮 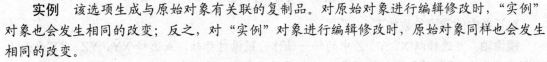，在【渲染设置】对话框的【时间输出】栏中，选择【活动时间段】选项；在【输出大小】栏中，单击【640×480】按钮；在【渲染输出】栏中，单击【文件】按钮，再在弹出的对话框中选择要保存动画文件的路径，并输入动画文件的文件名"任务 2.avi"，然后单击【保存】按钮返回【渲染设置】对话框。最后单击对话框底部的【渲染】按钮，开始逐帧渲染动画。

（3）动画渲染完成后，关闭【渲染设置】对话框。

（4）观看动画文件的效果。选择【文件】→【查看图像文件】菜单，在弹出的对话框中选择刚才生成的动画文件"任务 2.avi"，再单击【打开】按钮，即可观看到动画效果。

1.2.3　知识链接：克隆、镜像和对齐

1. 克隆对象

任务 2 中，使用克隆的方法制作出了另一个造型和材质都完全相同的灯笼。克隆对象是一种非常有用的建模技术。在复杂场景的设计中，常常需要制作若干相同的模型，这就可以用克隆对象的方法来实现。通过克隆对象，可以大大减少重复操作，提高在 3ds Max 2009 中的工作效率。

图1-37　【克隆选项】对话框

（1）使用【编辑】→【克隆】菜单克隆对象

① 在视图中选择要克隆的对象。

② 选择【编辑】→【克隆】菜单，将弹出如图 1-37 所示的【克隆选项】对话框。

对话框中的常用参数如下：

复制　该选项生成与原始对象完全独立的复制品。

实例　该选项生成与原始对象有关联的复制品。对原始对象进行编辑修改时，"实例"对象也会发生相同的改变；反之，对"实例"对象进行编辑修改时，原始对象同样也会发生相同的改变。

参考　该选项生成的克隆对象与原始对象有着单向联系。当编辑修改原始对象时，"参考"对象会发生相同的改变，而对"参考"对象进行编辑修改时，则不会影响到原始对象。

名称　可在名称文本框中输入克隆产生的新对象的名称。

③ 在对话框中选择一种克隆对象的形式，并在【名称】文本框中输入克隆对象的名称，最后单击【确定】按钮即可。

（2）执行变换操作时克隆对象

按住 Shift 键的同时执行移动、旋转或缩放变换操作，也可克隆对象。这种情况下弹出如图 1-34 所示的【克隆选项】对话框，与图 1-37 相比，图 1-34 所示的对象框中增加了一个【副本数】选项，可在其中输入克隆的数量。

2. 镜像对象

使用【工具】→【镜像】菜单或工具栏中的【镜像】按钮 ，可生成所选对象的对称体，即镜像。如图 1-38 所示是在一个鱼模型的基础上，使用镜像工具得到另一个对称的鱼模型。

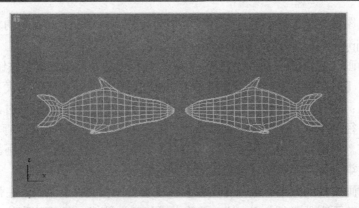

图1-38　镜像对象

镜像操作常用于创建对称的模型，其操作步骤如下：

（1）选择要镜像的对象，再单击工具栏中的【镜像】按钮，弹出如图 1-39 所示的【镜像】对话框。

图1-39　【镜像】对话框

对话框中的常用参数如下：

镜像轴　可选择以 X、Y、Z 中的任一轴作为镜像对称轴，或选择 XY、YZ、ZX 平面为镜像对称平面。【偏移】指镜像对象中心与原始对象中心之间的距离。

克隆当前选择　设置克隆类型，若选择【复制】、【实例】或【参考】选项，则可在镜像对象的同时创建克隆对象。

（2）在对话框中根据需要设置镜像参数，最后单击【确定】按钮。

3．对齐工具

使用对齐工具可以使对象之间的相互位置准确无误。如图 1-40 所示，3 个花瓶在 Y 轴方向上按最小值对齐。

对齐对象的操作步骤如下：

（1）选择要与目标对象对齐的源对象。

（2）单击工具栏中的【对齐】按钮，或选择【工具】→【对齐】菜单，这时光标会变成【对齐】光标。将光标移到目标对象上，当光标变成带"+"的对齐光标后单击目标对象，将弹出如图 1-41 所示的【对齐当前选择】对话框。

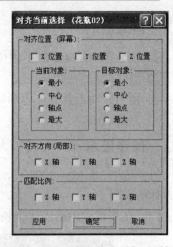

图1-40　对齐对象　　　　　　　　　　　　　　　　　图1-41　【对齐当前选择】对话框

对话框中的常用参数如下：

X 位置、Y 位置、Z 位置　用于设置源对象与目标对象在哪个轴的方向上对齐。可选择其中一项或三项的任意组合。同时启用三个选项时，可以将源对象移动到目标对象的位置。

最小、中心、轴点、最大　用于指定对象边界框上用于对齐的点。即当前所选的源对象与目标对象可在对齐轴方向上分别按边界框最小值、几何中心、轴点、边界框最大值进行对齐。

1.3　拓展训练

1.3.1　下滑的茶壶

 训练内容

参照本书配套光盘上"实训"文件夹中的文件"实训 1-1.avi"，制作茶壶沿斜板下滑的动画，其静态渲染图如图 1-42 所示。

图1-42　茶壶沿斜板下滑动画

训练重点

① 熟悉在 3ds Max 2009 中制作动画的一般流程。
② 创建简单的三维模型。
③ 使用移动工具制作动画。
④ 渲染动画。

操作提示

（1）启动 3ds Max 2009 后，分别在顶视图中创建一个长方体和一个茶壶。将茶壶移放到长方体的表面上。

（2）在前视图中适当旋转长方体和茶壶，结果如图 1-43 所示。

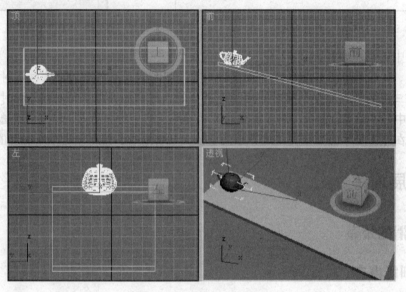

图1-43　放在斜板上的茶壶

（3）按自己的喜好给桌面和茶壶指定适当的材质。

（4）制作动画。单击透视图下方的【自动关键点】按钮，使该按钮变成深红色，进入动画录制状态。拖动时间滑块到第 100 帧处，再按下工具栏中的 ✤ 按钮。在工具栏的【参考坐标系】列表中选择【局部】，然后在前视图中将茶壶沿 X 轴下移到桌面的另一端。

（5）单击【自动关键点】按钮，使之恢复成灰色，结束动画的录制。

（6）激活透视图，再单击屏幕右下方的 ▶ 按钮预览动画效果。

（7）单击工具栏中的 🍵 按钮渲染动画。

（8）选择【文件】→【查看图像文件】菜单，打开动画文件查看动画。

1.3.2　向前滚动的球体

训练内容

参照本书配套光盘上"实训"文件夹中的文件"实训 1-2.avi"，制作一个球体从桌面的一端滚到另一端的动画，其静态渲染图如图 1-44 所示。

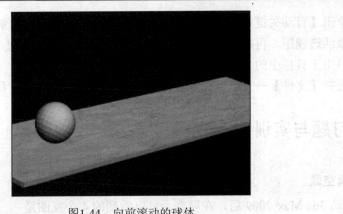

图1-44 向前滚动的球体

 训练重点

① 对同一个对象运用两种变换动画（位移动画和旋转动画）。

② 渲染动画。

 操作提示

（1）启动 3ds Max 2009 后，分别在视图中创建一个长方体和一个球体。将球体移放到长方体的表面上。为了后面能够方便地看到球体的滚动效果，在用【球体】命令创建球体时，取消其【参数】卷展栏中的【平滑】选项，效果如图 1-45 所示。

（2）按自己的喜好从材质库中选择材质指定给桌面和球体。

（3）制作动画。单击透视图下方的【自动关键点】按钮，使该按钮变成深红色，进入动画录制状态。拖动时间滑块到第 100 帧处，然后按下工具栏中的 ✛ 按钮，在顶视图或前视图中将球体沿 X 轴移到桌面的另一端，再按下工具栏中的 ↻ 按钮，根据球体向前移动距离的长短，在前视图中将球体绕 Z 轴沿前进方向旋转数周。

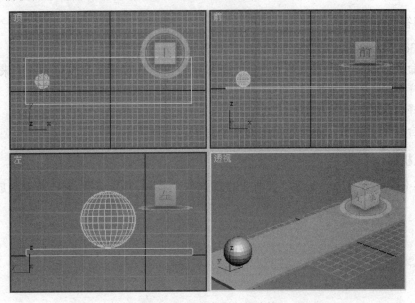

图1-45 放在桌面上的球体

（4）单击【自动关键点】按钮，使之恢复成灰色，结束动画的录制。

（5）激活透视图，再单击屏幕右下方的 ▶ 按钮预览动画效果。

（6）单击工具栏中的 ⬛ 按钮渲染动画。

（7）选择【文件】→【查看图像文件】菜单，打开动画文件观看动画。

习题与实训

一、填空题

1．启动 3ds Max 2009 后，在屏幕上可以看到的 4 个视图是＿＿＿＿＿＿＿＿＿＿视图、＿＿＿＿＿＿＿＿＿＿视图、＿＿＿＿＿＿＿＿＿＿视图和＿＿＿＿＿＿＿＿＿＿视图。

2．按＿＿＿＿＿＿＿＿键可将当前视图切换成底视图，按＿＿＿＿＿＿＿＿键可将当前视图切换成摄像机视图。

3．⬛按钮的作用是＿＿＿＿＿＿＿＿＿＿＿＿＿＿＿＿＿＿＿＿，⬛按钮的作用是＿＿＿＿＿＿＿＿＿＿＿＿＿＿＿＿＿＿＿＿，⬛ 按钮的作用是 ＿＿＿＿＿＿＿＿＿＿＿＿＿＿＿＿＿＿＿＿，⬛ 按 钮 的 作 用 是＿＿＿＿＿＿＿＿＿＿＿＿。

4．⬛ 按钮的作用是＿＿＿＿＿＿＿＿＿＿＿＿＿＿＿＿＿＿＿＿。

5．⬛ 按钮的作用是＿＿＿＿＿＿＿＿＿＿＿＿＿＿＿＿＿＿＿＿。

6．对象的变换包括＿＿＿＿＿＿＿＿＿、＿＿＿＿＿＿＿＿＿、＿＿＿＿＿＿＿＿＿3 种操作。

7．克隆对象的类型有＿＿＿＿＿＿＿＿＿、＿＿＿＿＿＿＿＿＿和＿＿＿＿＿＿＿＿＿3 种。

8．使用＿＿＿＿＿＿＿＿＿＿＿＿菜单，可以将当前同时选定的若干个对象组合成一个对象组。

二、简答题

1．在 3ds Max 2009 中制作一个动画一般需要哪几个步骤？

2．当命令面板中的内容太多而不能全部显示时，怎样查看其余没有显示出来的内容？

3．怎样克隆一个对象？

4．选择对象的方法有哪些？

5．组合多个对象后，如何对组中的某个对象进行操作？

三、上机操作

参照本书配套光盘上"实训"文件夹中的文件"实训 1-3.avi"，制作茶壶缩放变形的动画效果。

第2章　三维基本体建模

内容导读

　　建模是 3ds Max 2009 的一项重要功能，也是动画制作的基础，没有模型也就不会有动画。3ds Max 2009 提供了现成的创建标准基本体和扩展基本体的命令。标准基本体和扩展基本体是一些形状较规则的三维几何体，如长方体、球体、圆柱体和圆锥体等，将这些简单的三维几何模型进行连接、组合即可构造复杂的模型。对三维几何体进行适当的编辑修改后，还能得到一些看似不规则的较复杂的三维模型。

　　本章重点介绍 3ds Max 2009 中标准基本体和扩展基本体的类型、创建方法，以及它们的常用参数。

知识要点

　① 创建标准基本体的有关命令及其参数。
　② 创建扩展基本体的有关命令及其参数。
　③ 使用标准基本体和扩展基本体构造复杂模型。

任务一览

　　任务3：书桌建模——使用标准基本体构造模型
　　任务4：烟灰缸建模——使用布尔操作生成复杂模型

2.1　任务3：书桌建模——使用标准基本体构造模型

2.1.1　预备知识：标准基本体

标准基本体是一些简单而规则的三维对象，如长方体、球体、圆柱体等。3ds Max 2009中，【创建】→【几何体】命令面板的【标准基本体】子面板中，提供了 10 个创建标准基本体的命令，如图 2-1 所示，使用这些命令可以创建如图 2-2 所示的标准基本体。

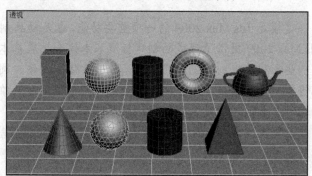

图2-1　【创建】→【几何体】命令
　　　　面板的【标准基本体】子面板

图2-2　标准基本体

1.　长方体

使用【长方体】命令可以创建如图 2-3 所示的各种长方体造型。长方体是最简单也是最常用的一种标准基本体，在场景设计中常用来制作墙壁、地板和桌面等简单模型，也常用于大型建筑物的框架构建。

（1）创建长方体的操作步骤

① 打开【创建】→【几何体】命令面板的【标准基本体】子面板，单击【长方体】命令按钮。

② 在任意视图中按下鼠标左键并拖动鼠标，释放鼠标左键后确定长方体的长度和宽度，再上下移动鼠标确定长方体的高度。

图2-3　长方体造型

③ 单击鼠标左键完成创建长方体的操作。

 提示

> 　除了可以通过拖放鼠标的方式来创建标准基本体外，还可以使用键盘，在图2-4 所示的【键盘输入】卷展栏中输入标准基本体的大小和坐标来创建。采用键盘输入的方式可以精确地创建对象，但不如拖放鼠标的方式直观方便。

（2）长方体的参数

【长方体】命令的参数如图 2-5 所示。

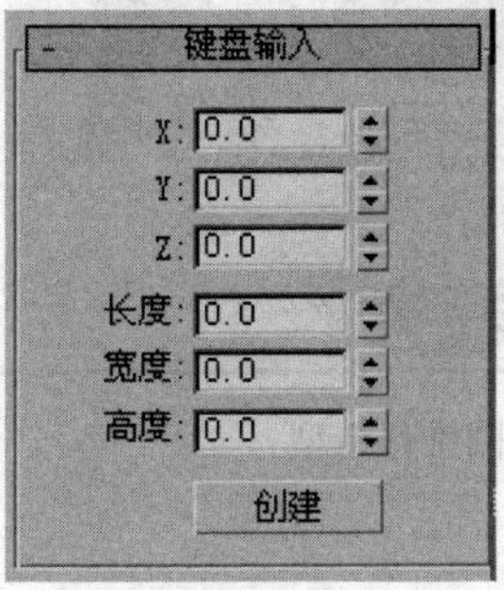

图2-4　【键盘输入】卷展栏 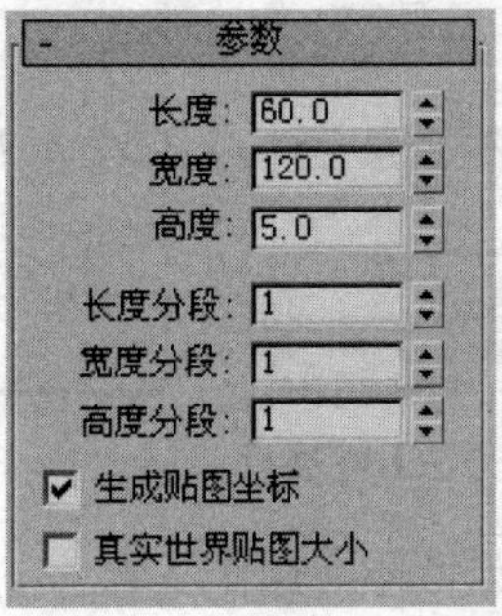　　　　图2-5　【长方体】命令的参数

长度　设置长方体的长度。

宽度　设置长方体的宽度。

高度　设置长方体的高度。

长度分段　设置长度方向上的分段数，默认值为 1。大多数三维基本体都有"分段"这一参数，增加分段数的目的是为了对几何体进行曲面效果的编辑修改。需要注意的是，分段数越大，构成几何体的点和面就越多，几何体的复杂度也就越高，这在一定程度上会造成渲染速度的降低。因此，设置分段数值时一定要考虑所建几何体的具体用处。

宽度分段　设置宽度方向上的分段数，默认值为 1。

高度分段　设置高度方向上的分段数，默认值为 1。

生成贴图坐标　生成贴图坐标的目的是为了给对象赋予贴图材质。该复选框默认为选定状态，这时将自动为创建的对象生成贴图坐标。

真实世界贴图大小　选择该复选框后，将按照贴图的实际尺寸赋予对象。

 提示

> 　如果需要直接创建立方体，则可在单击【长方体】命令按钮后，先在如图 2-6 所示的【创建方法】卷展栏中选择【立方体】选项，再在视图中拖放鼠标即可完成立方体的创建。

（3）调整对象的参数

对象创建完成后自动处于选定状态，这时可以根据需要直接在命令面板中调整相关参数。取消对象的选择后，如果再想调整其参数，则必须先选择该对象，然后单击命令面板上方的【修改】按钮　，在【修改】命令面板中调整其参数。

2．圆锥体

使用【圆锥体】命令可完成如图2-7所示的一系列造型。

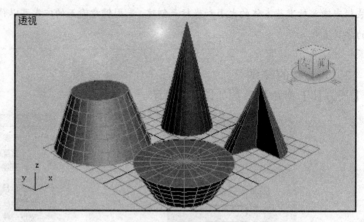

图2-6　【创建方法】卷展栏　　　　图2-7　圆锥体造型

（1）创建圆锥体的操作步骤

① 单击【圆锥体】命令按钮后，在任意视图中按下鼠标左键拖动鼠标，在适当的位置处释放鼠标左键后，生成锥体的底面。

② 上、下移动鼠标，生成锥体的高度，单击鼠标左键确定后，再继续移动鼠标，生成圆锥体的顶面。

③ 最后单击鼠标左键结束操作。

（2）圆锥体的参数

【圆锥体】命令的参数如图2-8所示。

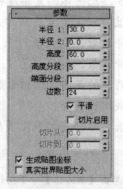

图2-8　【圆锥体】命令的参数

半径1和半径2　分别为圆锥体底面和顶面的半径。

高度　设置圆锥体的高度。

高度分段　设置圆锥体沿高度方向上的分段数。

端面分段　设置圆锥体端面（底面和顶面）沿半径方向上的分段数。

边数　设置圆锥侧面的边数。边数越大，圆锥体侧面就越平滑。

平滑　默认情况下，该选项为被选定状态，这时建立的圆锥体具有光滑的侧面。如果取消了对【平滑】的选择，那么圆锥体的侧面就是由若干平面构成的。

切片启用　该参数的作用是生成各种圆锥体的剖切效果。选择该复选框后，可在下面的【切片从】中设置切片的起始角度，在【切片到】中设置切片的终止角度。

3．球体

使用【球体】命令可完成如图 2-9 所示的一系列造型。

（1）创建球体的操作步骤

① 单击【球体】命令按钮。

② 在任意视图中按下鼠标左键拖动鼠标，然后释放鼠标左键，即可完成球体的创建操作。

（2）球体的参数

【球体】命令的参数如图 2-10 所示。

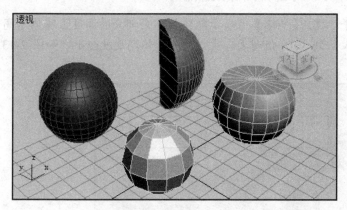
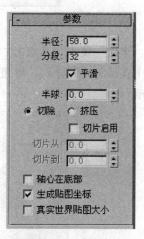

图2-9　球体的造型　　　　　　　　　　　图2-10　【球体】命令的参数

半径　设置球体的半径。

分段　设置球体的分段数。该参数值越大，球体的表面就越平滑，如图 2-11 所示。

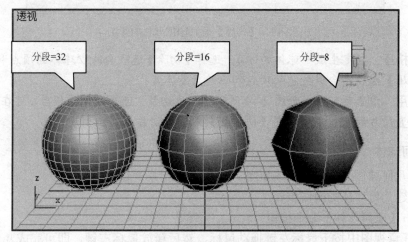

图2-11　分段值对球体表面平滑度的影响

平滑　该复选框默认为选定状态，这时构成球体的面是圆滑的；取消该复选框的选择后，构成球体的面就成了多个平面的拼接，如图 2-12 所示。

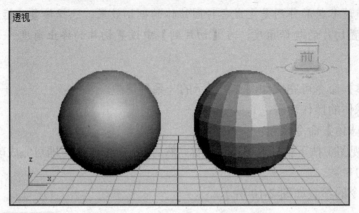

图2-12　【平滑】选项对球体表面的影响

半球　使用该参数可以生成半球体。【半球】值表示球体被切去部分的高度占球体总高度（直径）的百分比，取值范围从 0 到 1.0，值越大，生成的半球体高度就越小，如图 2-13 所示。

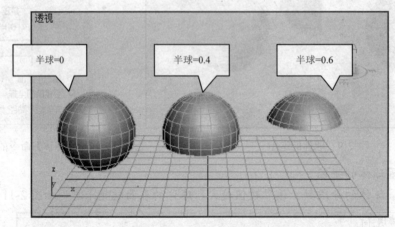

图2-13　【半球】值对球体形状的影响

切除和挤压　指定生成半球体的方式。选择【切除】选项会减少球体的顶点和面的数量，而选择【挤压】选项则会保持总的顶点和面的数量不变。

切片启用　该选项可生成如图 2-14 所示的球体切片。选择该复选框后，可在下面的【切片从】中设置切片的起始角度，在【切片到】中设置切片的终止角度。

4. 几何球体

使用【几何球体】命令可完成如图 2-15 所示的一系列造型。

（1）创建几何球体的操作步骤

① 单击【几何球体】命令按钮。

② 在任意视图中按下鼠标左键拖动鼠标，然后释放鼠标左键，即可完成几何球体的创建操作。

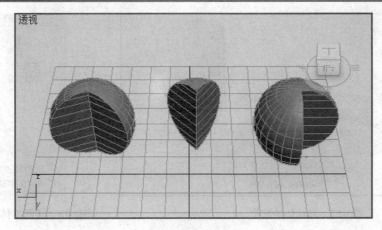

图2-14　球体切片

（2）几何球体的参数

【几何球体】命令的参数如图 2-16 所示。

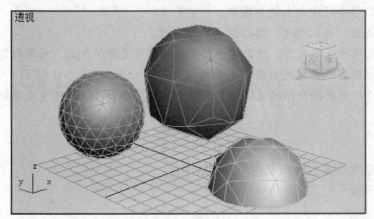

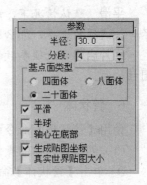

图2-15　几何球体　　　　　　　　图2-16　【几何球体】命令的参数

半径　设置几何球体的半径。

分段　设置几何球体的分段数。

基点面类型　该选项组中提供了 3 个单选按钮，【四面体】、【八面体】、【二十面体】分别将几何球体划分为 4 个、8 个、20 个相等的分段。

5．圆柱体

圆柱在建模中应用较广，特别是在建筑设计中常用作各种柱子和横梁的制作。使用【圆柱体】命令可以完成如图 2-17 所示的一系列造型。

（1）创建圆柱体的操作步骤

① 单击【圆柱体】命令按钮。

② 在任意视图中拖动鼠标确定圆柱体的截面圆，再上、下移动鼠标生成圆柱体的高度。

③ 单击鼠标左键结束操作。

（2）圆柱体的参数

【圆柱体】命令的参数如图 2-18 所示。

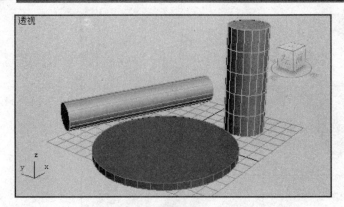 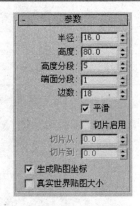

图2-17　圆柱体的造型　　　　　　　　　　图2-18　【圆柱体】命令的参数

半径　设置圆柱截面的半径。

高度　设置圆柱体的高度。

高度分段　设置圆柱体沿高度方向上的分段数。

端面分段　设置圆柱截面沿半径方向上的分段数。

边数　设置圆柱侧面的边数。边数越大，圆柱侧面就越平滑。

平滑　默认情况下，该选项为选定状态，这时建立的圆柱体具有光滑的侧面。如果取消了对该选项的选择，那么圆柱体的侧面就是由若干平面构成。

切片启用　此项参数的作用与前面介绍的【球体】命令中的同名参数相同，可生成各种圆柱切片。

6. 管状体

使用【管状体】命令可完成如图 2-19 所示的一系列造型。

（1）创建管状体的操作步骤

① 单击【管状体】命令按钮。

② 在任意视图中拖动鼠标确定管状体的基圆，再移动鼠标确定管状体的厚度。

③ 单击鼠标左键后继续移动鼠标确定管状体的高度，最后单击鼠标左键结束操作。

（2）管状体的参数

【管状体】命令的参数如图 2-20 所示。其中，【半径 1】和【半径 2】分别表示管状体底面的内径和外径。其余参数的含义与圆柱体的参数相同。

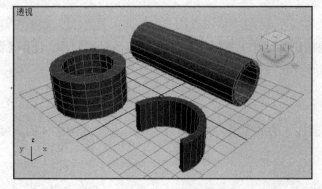 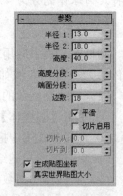

图2-19　管状体造型　　　　　　　　　　图2-20　【管状体】命令的参数

7. 圆环

使用【圆环】命令可完成如图 2-21 所示的一系列造型。

（1）创建圆环的操作步骤

① 单击【圆环】命令按钮。

② 在任意视图中拖动鼠标确定圆环的基圆，再移动鼠标并单击鼠标左键即可结束创建圆环的操作。

（2）圆环的参数

【圆环】命令的参数如图 2-22 所示。

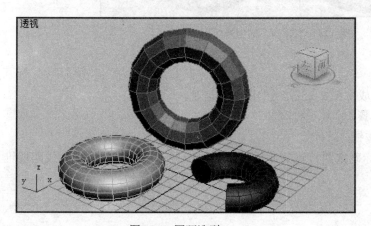

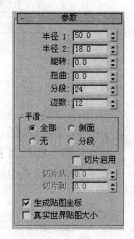

图2-21　圆环造型　　　　　　　　　　　　　　　　图2-22　【圆环】命令的参数

半径1　整个圆环的半径。

半径2　圆环截面的半径。

旋转　该参数可产生圆环截面的旋转效果。

扭曲　该参数可产生圆环截面的扭曲效果，如图 2-23 所示。

分段　设置圆环沿圆周方向上的分段数。

边数　设置圆环截面的边数。

平滑　此选项组中有【全部】、【侧面】、【无】和【分段】4 个单选项，可以分别得到 4 种不同的平滑效果，如图 2-24 所示。

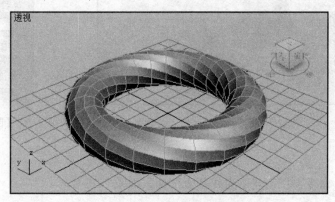

图2-23　扭曲效果的圆环

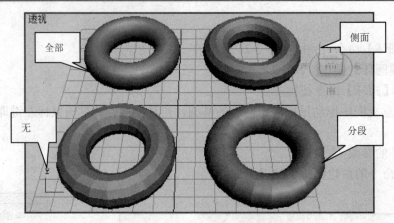

图2-24　圆环的不同平滑效果

8．四棱锥

使用【四棱锥】命令可完成如图 2-25 所示的四棱锥造型。

（1）创建四棱锥的操作步骤

① 单击【四棱锥】命令按钮。

② 在任意视图中拖动鼠标确定四棱锥的底面，释放鼠标左键后再移动鼠标生成四棱锥的高度。

如果想让四棱锥的底面是一个长宽相等的正方形，则可在拖动鼠标的同时按住 Ctrl 键不放。

③ 单击鼠标左键结束操作。

（2）四棱锥的参数

【四棱锥】命令的参数如图 2-26 所示，各个参数的含义与【长方体】命令的参数相似。

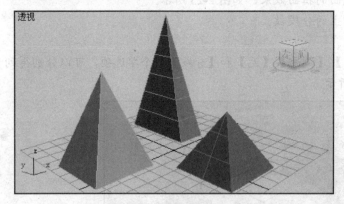

图2-25　四棱锥造型

图2-26　【四棱锥】命令的参数

9．茶壶

使用【茶壶】命令可以创建茶壶或茶壶部件，如图 2-27 所示。

（1）创建茶壶的操作步骤

① 单击【茶壶】命令按钮。

② 在任意视图中拖动鼠标再释放鼠标左键，即可完成茶壶的创建。

（2）茶壶的参数

【茶壶】命令的参数如图 2-28 所示。

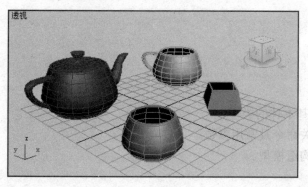

图2-27　茶壶及茶壶部件　　　　　　　　图2-28　【茶壶】命令的参数

半径　设置茶壶的半径。

分段和平滑　这两项参数与【球体】命令的同名参数作用相同。分段值越大，茶壶表面就越平滑。

茶壶部件　该选项组中有 4 个复选框，分别是【壶体】、【壶把】、【壶嘴】和【壶盖】，这 4 个选项分别代表组成茶壶的 4 个部件。创建茶壶时，可以在 4 个部件中随意选择。默认情况下同时启用 4 个选项，从而生成完整的茶壶。

10. 平面

使用【平面】命令可以创建如图 2-29 所示的网格平面造型。创建地面、水面等模型时常使用平面造型。

（1）创建平面的操作步骤

① 单击【平面】命令按钮。

② 在任意视图中拖动鼠标再释放左键，即可完成平面的创建。

（2）平面的相关参数

【平面】命令的参数如图 2-30 示。

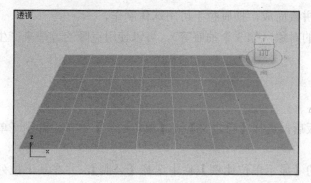

图2-29　平面造型　　　　　　　　　图2-30　【平面】命令的参数

长度和宽度　设置平面的长度和宽度。

长度分段和宽度分段　设置平面长度方向和宽度方向上的分段数。

渲染倍增　该参数栏用于设置渲染时增大创建的平面对象的尺寸和分段数，其中，【缩放】可设置平面对象尺寸的倍增比例，【密度】则可设置平面对象长度分段和宽度分段的倍增比例。当需要创建一个巨大的平面对象时，只需要创建一个小的参考平面即可。

2.1.2　任务实施

 任务目标

① 了解 3ds Max 2009 中标准基本体的类型。

② 掌握创建标准基本体的有关命令及常用参数。

③ 能够灵活运用标准基本体构造模型。

 任务描述

使用创建标准基本体的相关命令，制作如图 2-31 所示的书桌。具体效果请参见本书配套光盘上"任务相关文档"文件夹中的文件"任务 3.max"。

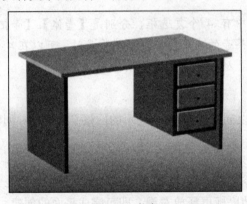

图2-31　书桌

 制作思路

① 整个书桌模型可由长方体拼接而成，抽屉拉手可用球体制作。

② 对于书桌模型中尺寸相同的对象（如 3 个抽屉等），可以使用克隆的方法来产生。

 操作步骤

1．设置场景单位

（1）启动 3ds Max 2009 中文版后，选择【自定义】→【单位设置】菜单，弹出【单位设置】对话框。

（2）在【单位设置】对话框的【显示单位比例】栏中选择【公制】，并在其下拉列表中选择【厘米】，如图 2-32 所示。

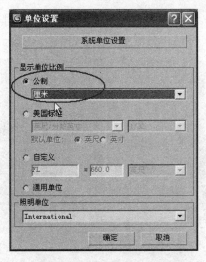

图2-32 【单位设置】对话框

（3）单击【单位设置】对话框中的【确定】按钮，结束设置场景单位的操作。

2．制作书桌的初始造型

（1）创建桌面。在【创建】→【几何体】→【标准基本体】命令面板中，单击【长方体】命令按钮，在顶视图中创建一个长度、宽度、高度分别为80cm、150cm、3cm 的长方体。

（2）创建书桌的左侧板。继续使用【长方体】命令，在顶视图中创建一个长度、宽度、高度分别为 70cm、3cm、75cm 的长方体。

（3）调整长方体的位置。单击工具栏中的 按钮，参照图 2-33 所示，调整两个长方体的位置。

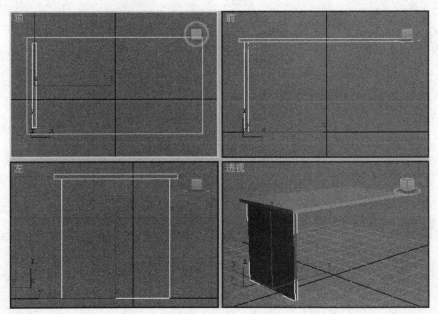

图2-33 书桌的左侧板

（4）克隆出右侧板。单击工具栏中的 按钮，按住 Shift 键，在顶视图中将作为左侧板的长方体沿 X 轴向右拖动，释放鼠标左键后，在弹出的【克隆选项】对话框中，选择【实例】选项，最后单击【确定】按钮，效果如图 2-34 所示。

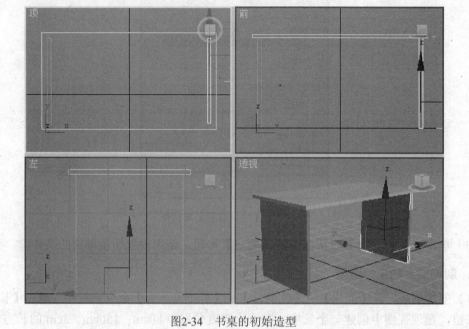

图2-34　书桌的初始造型

3．制作抽屉

（1）制作放置抽屉的柜体。使用【长方体】命令，在顶视图中创建一个长度、宽度、高度分别为 65cm、40cm、60cm 的长方体。参照图 2-35 所示，调整柜体的位置。

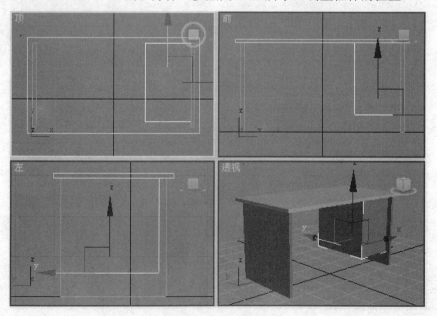

图2-35　柜体的位置

（2）制作抽屉。使用【长方体】命令，在前视图中创建一个长度、宽度、高度分别为 15cm、

33cm、2cm 的长方体。参照图 2-36 所示，将抽屉移到柜体的前面。

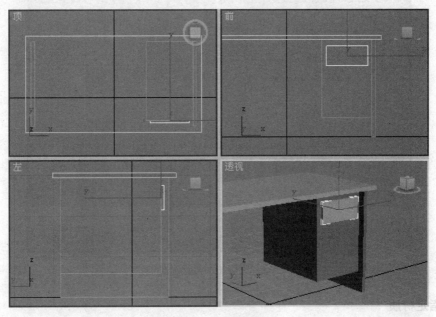

图2-36　抽屉的位置

（3）制作抽屉拉手。使用【球体】命令，在前视图中创建一个【半径】为 1.5cm、【分段】为 20 的球体，并把球体移到如图 2-37 所示的位置。

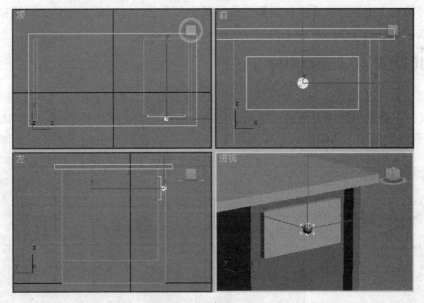

图2-37　球体的位置

（4）克隆出另外两个抽屉。在前视图中同时选择抽屉和拉手，单击工具栏中的 按钮，按住 Shift 键，在前视图中将抽屉和拉手沿 Y 轴向下拖动，释放鼠标左键后，在弹出的【克隆选项】对话框中，选择【实例】选项，并设置【副本数】为 2，最后单击【确定】按钮，效果如图 2-38 所示。

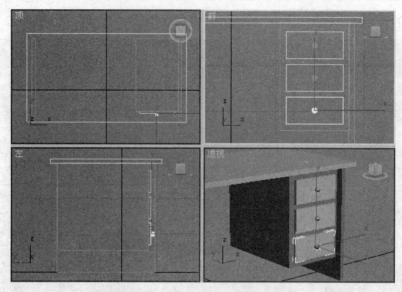

图2-38　克隆出另外两个抽屉

4．指定材质

（1）单击工具栏上【材质编辑器】按钮 ，打开【材质编辑器】窗口。

（2）将第一个示例球的【漫反射】颜色设置为白色，并将该示例球的材质指定给书桌的桌面及抽屉。

（3）将第二个示例球的【漫反射】颜色设置为灰蓝色，并将该示例球的材质指定给书桌的左右侧板、柜体及拉手。

2.1.3　知识链接 1：扩展基本体

在【创建】→【几何体】命令面板上方的下拉列表中选择【扩展基本体】选项，【对象类型】卷展栏中就会出现用于创建扩展基本体的命令按钮，如图 2-39 所示。3ds Max 2009 提供了 13 个创建扩展基本体的命令，使用这些命令可以创建图 2-40 所示的扩展基本体。

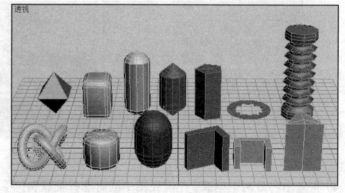

图2-39　【创建】→【几何体】　　　　　　　图2-40　扩展基本体
命令面板中的【扩展基本体】子面板

下面重点介绍几种常用的扩展基本体。

1．异面体

使用【异面体】命令可完成如图 2-41 所示的几种不同系列的多面体造型。

（1）创建异面体的操作步骤

① 打开【创建】→【几何体】命令面板的【扩展基本体】子面板。

② 单击【异面体】命令按钮，在任意视图中按下鼠标左键拖动鼠标，再释放鼠标左键时，即完成了异面体的创建。

（2）异面体的参数

【异面体】命令的参数如图 2-42 所示。

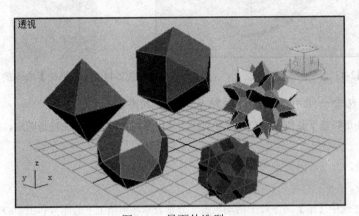

图2-41　异面体造型　　　　　　　　图2-42　【异面体】命令的参数

系列　此参数栏中包含用于生成不同类型异面体的 5 个单选项，分别用于创建四面体、立方体或八面体、十二面体或二十面体，以及两种不同的类似星形的异面体。

系列参数　此参数栏包括 P 和 Q 两个选项，用于控制异面体顶点和面之间的形状转换。

轴向比率　异面体表面可以由三角形、方形或五角形组成，这些面可以是规则的，也可以是不规则的。【轴向比率】参数栏中的 P、Q、R 三个参数分别用于控制异面体中三角形、方形和五角形的比例关系。这三个参数具有将其对应面推进或推出的效果，其默认值为 100。

半径　异面体外接圆的半径。

2．环形结

使用【环形结】命令可以创建复杂的或带结的环形造型，如图 2-43 所示。

（1）创建环形结的操作步骤

① 打开【创建】→【几何体】→【扩展基本体】命令子面板，单击【环形结】按钮。

② 在任意视图中拖动鼠标确定环形结的半径，放开鼠标左键后继续移动鼠标确定环形结的截面半径。

③ 单击鼠标左键结束操作。

（2）环形结的参数

【环形结】命令的参数如图 2-44 所示。

图2-43　环形结造型　　　　　　　　　　　图2-44　【环形结】命令的参数

基础曲线　此参数栏中包含一组用于设置环形结基本外形的参数。

结和圆　使用【结】时，环形将基于其他各种参数自身交织。使用【圆】时，基础曲线是圆形，这时在默认状态将产生标准圆环形。

半径　设置基础曲线的半径。

分段　设置环形结的分段数。

P 和 Q　这两项参数只有在选中【结】时才处于活动状态。分别表示环形结上下的圈数和由中心向外环绕的圈数。

扭曲数和扭曲高度　这两项参数只有在选中【圆】时才处于活动状态。图 2-45 显示了不同扭曲数和扭曲高度的环形结效果。

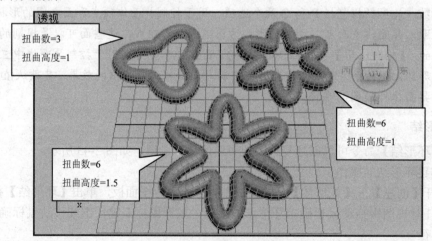

图2-45　不同扭曲数和扭曲高度的环形结

横截面　此参数栏用于调整环形结的横截面。

半径　设置环形结横截面的半径。

边数 设置环形结横截面周围的边数。

偏心率 设置环形结横截面主轴与副轴的比率。其值为 1 时将产生圆形横截面，其他值则将形成椭圆形横截面。

扭曲 设置横截面围绕基础曲线扭曲的次数。

块和块高度 设置环形结中的凸出数量。当【块高度】值非 0 时才能看到其效果。图 2-46 显示了基础曲线为【圆】时，不同块和块高度的环形结效果。

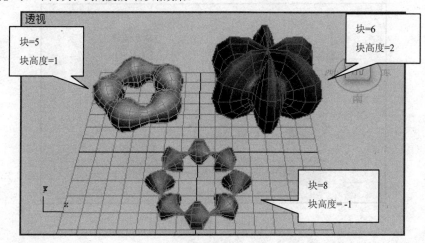

图2-46 不同块和块高度的环形结

3. 切角长方体

使用【切角长方体】命令可以创建带倒角或圆形边的长方体，如图 2-47 所示。

（1）创建切角长方体的操作步骤

① 打开【创建】→【几何体】→【扩展基本体】命令子面板，单击【切角长方体】按钮。

② 在任意视图中拖动鼠标生成长方体的底面，单击鼠标左键确定后继续向上或向下移动鼠标，生成长方体的高度。

③ 再次单击鼠标左键后向上移动鼠标，产生长方体的倒角效果，最后单击鼠标左键结束操作。

（2）切角长方体的参数

【切角长方体】命令的参数如图 2-48 所示。

图2-47 切角长方体   图2-48 【切角长方体】命令的参数

切角长方体的参数与标准基本体中长方体的参数基本相同，其中【圆角】参数用于设置倒角的程度，【圆角分段】参数可设置倒角的分段数，其值越大，倒角就越平滑。

4．软管

软管是一个能连接两个对象的弹性对象，使用【软管】命令可以创建如图 2-49 所示的一系列造型。

图2-49　软管造型

（1）创建软管的操作步骤

① 打开【创建】→【几何体】→【扩展基本体】命令子面板，单击【软管】按钮。

② 在任意视图中拖动鼠标生成软管的截面，再向上或向下移动鼠标生成软管的高度。

③ 单击鼠标左键结束创建软管的操作。

（2）软管的参数

【软管】命令的参数较复杂，如图 2-50 所示。

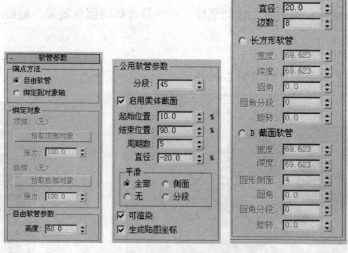

图2-50　【软管】命令的参数

　　端点方法　此参数栏用于设置软管的类型。【自由软管】生成两端不受任何约束的软管；【绑定到对象轴】生成两端绑定在指定对象轴心的软管，使用该选项可以制作自动连接两个对象的软管。选择【绑定到对象轴】选项时，可以使用下面【绑定对象】参数栏中的按钮将软管绑定到两个对象。

　　绑定对象　只有在【端点方法】参数栏中选择了【绑定到对象轴】选项时，【绑定对象】参数栏才能被激活。通过单击【拾取顶部对象】和【拾取底部对象】按钮，可以将软管的两端分别绑定到两个对象上。

　　图 2-51 显示了软管两端分别连接一个长方体和一个球体的情形。

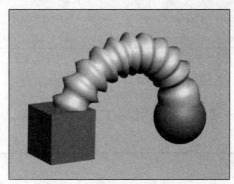

图2-51　连接两个对象的软管

　　自由软管参数　只有在【端点方法】参数栏中选择了【自由软管】选项时，此参数栏才有效。其中的【高度】用于设置自由软管的高度。

　　公用软管参数　用于设置不同类型软管的公用参数。

　　分段　用于设置软管沿高度方向上的分段数。当软管弯曲时，增大该选项的值可使曲线更平滑。

　　启用柔体截面　该选项默认为激活状态，这时软管具有皱褶效果。

　　起始位置和结束位置　分别用于设置皱褶开始和结束的位置。

　　周期数　设置皱褶的数量。

　　直径　指定软管皱褶的直径。直径值为负值时，皱褶会向内凹陷；直径值为正值时，皱褶会向外凸出。

　　平滑　设置软管的平滑效果。

　　软管形状　用于设置软管截面的形状。其中提供了 3 种形状：【圆形软管】、【长方形软管】、【D 截面软管】。默认设置为【圆形软管】。

2.1.4　知识链接 2：创建建筑对象

　　3ds Max 2009 提供了创建多种建筑对象的功能，如"植物"、"门"、"窗"、"楼梯"、"栏杆"和"墙"，使三维建筑场景的设计更加方便。这些创建建筑对象的功能均可在【创建】→【几何体】命令面板的下拉列表中找到。

1．门、窗和楼梯

（1）门

　　【创建】→【几何体】→【门】命令面板中提供了枢轴门、推拉门、折叠门 3 种门的模型，如图 2-52 所示。通过参数设置，可以控制门的外观，以及门的打开、关闭等细节。

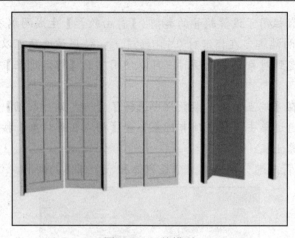

图2-52　门的模型

（2）窗

【创建】→【几何体】→【窗】命令面板中提供了遮篷式窗、平开窗等 6 种窗的模型，如图 2-53 所示。

图2-53　窗的模型

（3）楼梯

【创建】→【几何体】→【楼梯】命令面板中提供了 L 型楼梯、U 型楼梯等 4 种楼梯模型，如图 2-54 所示。通过参数设置，可以控制楼梯的长宽、高度、侧弦及扶手等细节。

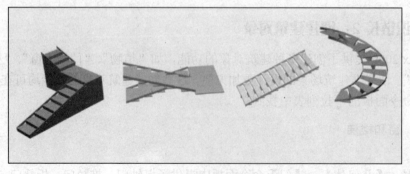

图2-54　楼梯模型

2. AEC 扩展

除了门、窗和楼梯外，【创建】→【几何体】→【AEC 扩展】命令面板中还提供了植物、栏杆和墙的创建命令。

（1）植物

使用【创建】→【几何体】→【AEC 扩展】命令面板中的【植物】命令，可以创建各种漂亮的植物模型，如图 2-55 所示。通过参数设置，可以控制植物的高度、密度、修剪、种子、树冠显示和细节级别。

图2-55　植物

（2）栏杆

使用【创建】→【几何体】→【AEC 扩展】命令面板中的【栏杆】命令既可以创建直的栏杆，也可以创建沿样条线弯曲的栏杆，如图 2-56 所示。通过参数设置，可以控制上围栏、下围栏、立柱、栅栏等栏杆组件的属性。

图2-56　栏杆

（3）墙

使用【创建】→【几何体】→【AEC 扩展】命令面板中的【墙】命令，可以创建由顶点、分段、剖面 3 个子对象组成的墙，如图 2-57 所示。这些子对象均可在【修改】面板中进行修改。

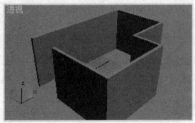

图2-57　墙

2.2　任务4：烟灰缸建模——使用布尔操作生成复杂模型

2.2.1　预备知识：布尔操作

除了可以运用搭积木的方式，将几何基本体进行连接、组合来构造复杂模型之外，还可以通过布尔操作等方法，由简单的几何基本体产生较复杂的模型。

布尔操作可以将两个几何体通过并集、交集或差集运算而形成一个几何体（布尔对象），如图 2-58 所示。

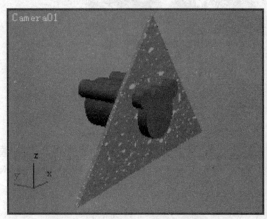
两个原始对象

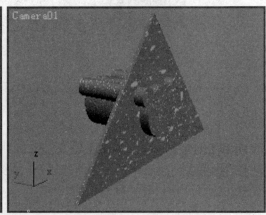
并集

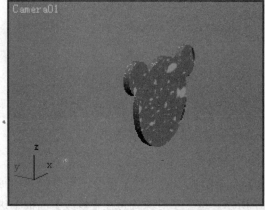
交集

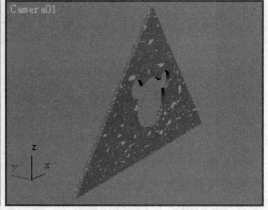
差集

图2-58　布尔操作

并集　布尔对象包含两个原始对象的体积，将移除几何体的相交部分或重叠部分。

交集　布尔对象只包含两个原始对象重叠位置的体积。

差集　布尔对象包含从中减去相交体积的原始对象的体积。

1．执行布尔操作的一般步骤

进行布尔操作时，场景中要求有两个或两个以上的模型。执行布尔操作的一般步骤如下：

（1）在【创建】→【几何体】命令面板的下拉列表中选择【复合对象】。

（2）在视图中单击选择一个模型作为运算对象 A，然后单击【对象类型】卷展栏中的【布尔】按钮。

（3）在【参数】卷展栏中设置布尔操作的方式后，再在【拾取布尔】卷展栏中单击【拾取操作对象 B】按钮，最后在视图中单击运算对象 B，即可完成 A 模型与 B 模型的布尔操作。

2．布尔命令的常用参数

【布尔】命令的主要参数如图 2-59 所示。

（1）【拾取布尔】卷展栏

该卷展栏用于设置选取运算对象 B 的方式。

参考 指将原始对象的一个参考复制品作为运算对象 B，进行布尔运算后，修改原始对象的操作会直接反映在运算对象 B 上，但修改运算对象 B 的操作不会影响原始对象。

复制 指将原始对象的一个复制品作为运算对象 B 进行布尔运算，原始对象与运算对象 B 之间不会相互影响。

移动 指将原始对象直接作为运算对象 B，进行布尔运算后，原始对象消失。

图2-59 【布尔】命令的参数面板

实例 指将原始对象的一个实例复制品作为运算对象 B 进行布尔运算，修改其中一个对象将影响到另一个对象。

（2）【参数】卷展栏

操作对象 列出了所有进行布尔运算的对象名称，选择相应的对象后，可通过修改器堆栈在命令面板中对选定对象进行编辑。

操作 该栏中提供了 5 种布尔操作方式，即：并集、交集、差集（A-B）、差集（B-A）和切割。

（3）【显示/更新】卷展栏

该卷展栏用于设置布尔对象的显示和更新方式。

显示 设置布尔对象的显示方式。

结果 表示只显示最后的布尔运算结果。

操作对象 表示显示所有的运算对象。

结果+隐藏的操作对象 表示在视图中以线框方式显示结果和隐藏的运算对象。

更新 设置何时更新布尔对象。

始终 更新操作对象时立即更新布尔对象。

渲染时 当渲染场景或单击"更新"按钮时才更新布尔对象。

手动 只有在单击"更新"按钮时，才更新布尔对象。

2.2.2   任务实施

任务目标

① 理解布尔运算的运用场合，掌握布尔运算的操作方法。

② 掌握布尔命令的常用参数。

任务描述

使用布尔操作制作一个烟灰缸模型，如图 2-60 所示。具体效果请参见本书配套光盘上"任务相关文档"文件夹中的文件"任务 4.max"。

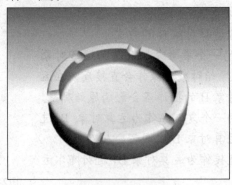

图2-60   烟灰缸

制作思路

烟灰缸主体可由两个切角圆柱体通过布尔运算生成，烟灰缸上的 6 个凹槽则用烟灰缸主体减去若干小圆柱体的方法形成。

操作步骤

1．创建基本造型

（1）启动 3ds Max 2009 之后，使用【自定义】→【单位设置】菜单，在【单位设置】对话框中，将场景单位设置为"厘米"。

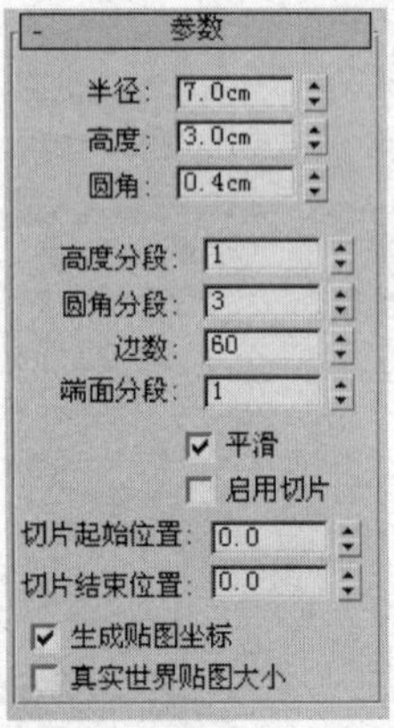

（2）在【创建】→【几何体】命令面板上方的下拉列表中选择【扩展基本体】。

（3）在【对象类型】卷展栏中单击【切角圆柱体】按钮，在顶视图中创建一个切角圆柱体。按照图 2-61 所示，在【参数】卷展栏中设置其相关参数。

（4）单击工具栏中的 ✛ 按钮，按住 Shift 键，在前视图中沿 Y 轴向上拖动切角圆柱体，释放鼠标左键后，在弹出的【克隆选项】对话框中选择【复制】，复制出另一个切角圆柱体。将复制得到的切角圆柱体的半径修改为 5.8cm，其余参数不变。两个切角圆柱体的位置如图 2-62 所示。

图2-61   切角圆柱体的参数设置

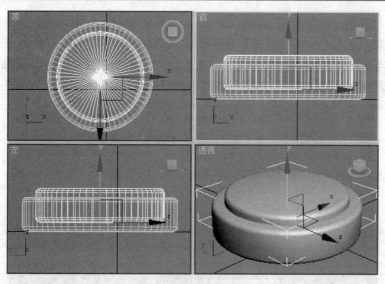

图2-62 两个切角圆柱体的位置

2. 使用布尔运算生成烟灰缸主体

（1）在【创建】→【几何体】命令面板的下拉列表中选择【复合对象】。

（2）选择大的切角圆柱体，再单击【对象类型】卷展栏中的【布尔】按钮，再在【拾取布尔】卷展栏中单击【拾取操作对象 B】按钮，最后在视图中单击小的切角圆柱体。布尔运算的结果如图 2-63 所示。

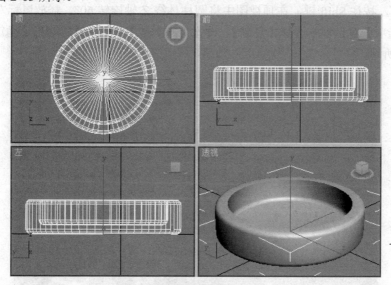

图2-63 烟灰缸的基本造型

3. 制作烟灰缸上的凹槽

（1）打开【创建】→【几何体】→【标准基本体】命令面板，然后在【对象类型】卷展栏中单击【圆柱体】按钮，在前视图中拖放鼠标创建一个圆柱体，在命令面板的【参数】卷展栏中，设置半径为 0.7cm，高度为 8cm，高度分段为 1，将圆柱体移到要生成凹槽的位置。

（2）将圆柱体的一端对齐在烟灰缸的中心，为旋转复制圆柱体作准备。在顶视图中选择圆柱体，然后单击工具栏中的【对齐】按钮，再在顶视图中将光标移到烟灰缸上单击，在弹出的【对齐当前选择】对话框中，在【X 位置】方向上将圆柱体的中心与烟灰缸的中心对齐，在【Y 位置】方向上将圆柱体的最大值与烟灰缸的中心对齐。圆柱体的位置如图 2-64 所示。

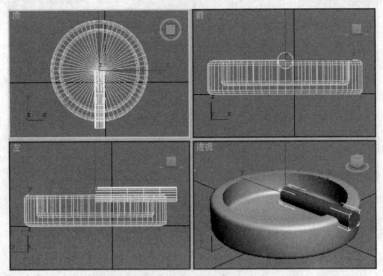

图2-64　圆柱体的位置

（3）复制圆柱体。确认圆柱体被选定，单击工具栏中的按钮，再按下【角度捕捉切换】按钮。按住 Shift 键，在顶视图中将圆柱体绕 Z 轴旋转 60°。释放鼠标左键后，在弹出的【克隆选项】对话框中选择【复制】，设置【副本数】为 5，最后单击【确定】按钮，效果如图 2-65 所示。

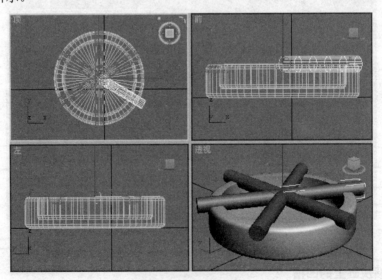

图2-65　复制圆柱体

（4）将所有的圆柱体合并成一个整体。选择任意一个圆柱体，然后打开【修改】命令面板，在【修改器列表】中选择【编辑网格】。再在命令面板的【编辑几何体】卷展栏中单击【附加列表】按钮，在弹出的【附加列表】对话框中选择所有的圆柱体，最后单击【附加】按钮，即可将所有的圆柱体都合并成一个整体。

 提 示

如果要在一个对象上进行多次布尔运算的【差集】运算，那么最好先将所有要参与运算的对象合并成一个整体，否则，会因运算次数太多而产生错误。

（5）使用布尔运算制作凹槽。在【创建】→【几何体】命令面板的下拉列表中选择【复合对象】。在视图中单击选择烟灰缸主体后，单击【对象类型】卷展栏中的【布尔】按钮，再在【拾取布尔】卷展栏中单击【拾取操作对象 B】按钮，然后在视图中单击合并成一个整体的圆柱体，这样，在烟灰缸上就挖出了 6 个凹槽，如图 2-66 所示。

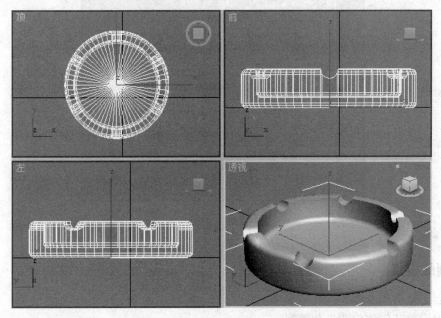

图2-66 在烟灰缸上挖出6个凹槽

4．渲染场景

用鼠标单击透视图，然后单击工具栏中 按钮渲染场景。

2.2.3 知识链接：创建复合对象

复合对象是在两个或多个对象的基础上形成的单个对象。3ds Max 2009 提供了包含布尔对象在内的共 12 种复合对象类型。在【创建】→【几何体】命令面板上方的下拉列表中选择【复合对象】选项，【对象类型】卷展栏中就会出现用于创建复合对象的命令按钮，如图 2-67 所示。

在后面的第 3 章中，将详细介绍放样复合对象的创建方法。

图2-67 复合对象的类型

2.3　拓展训练

2.3.1　书架

 **训练内容**

参照本书配套光盘上"实训"文件夹中的文件"实训 2-1.max"，制作一个书架模型，如图 2-68 所示。

图2-68　书架

 训练重点

① 创建标准基本体和扩展基本体。
② 由简单几何体构造复杂模型。
③ 克隆对象。

 操作提示

（1）启动 3ds Max 2009 之后，使用【自定义】→【单位设置】菜单，在【单位设置】对话框中，将场景单位设置为"厘米"。

（2）使用【创建】→【几何体】→【标准基本体】命令面板中的【长方体】命令，分别创建书架的底板和侧板，如图 2-69 所示。底板的长度、宽度、高度分别为 30cm、300cm、3cm，侧板的长度、宽度、高度分别为 30cm、2cm、170cm。

（3）参照图 2-70 所示，使用【长方体】命令，创建书架中的竖隔板。

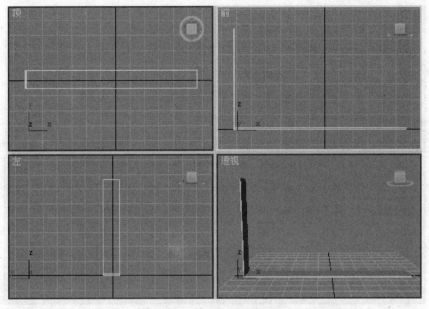

图2-69　书架的底板和侧板

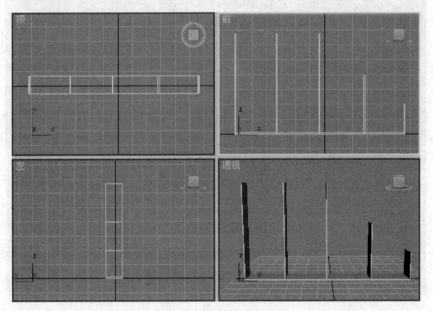

图2-70　书架中的竖隔板

（4）参照图 2-71 所示，使用【长方体】命令，创建书架中的横隔板。

（5）参照图 2-72 所示，创建书架中的抽屉及柜子。

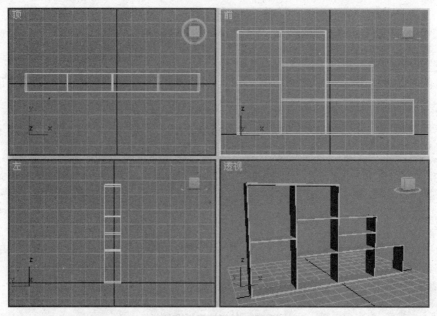

图2-71   书架中的横隔板

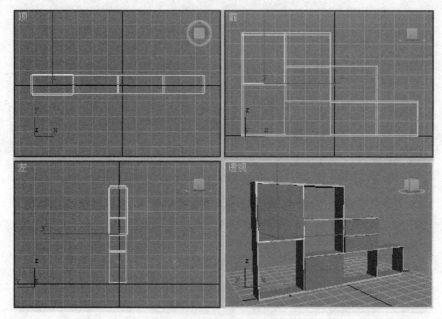

图2-72   书架中的抽屉及柜子

2.3.2   书房一角

 **训练内容**

参照本书配套光盘上"实训"文件夹中的文件"实训 2-2.max"，制作一个简单的书房场景，其渲染效果如图 2-73 所示。

图2-73　书房一角

 训练重点

① 由简单几何体构造复杂模型。

② 能够将不同场景文件中的模型合并到同一个场景中。

 操作提示

（1）启动 3ds Max 2009 之后，使用【自定义】→【单位设置】菜单，在【单位设置】对话框中，将场景单位设置为"厘米"。

（2）创建房间框架。使用命令面板中的【长方体】命令，在视图中分别创建墙、地板、天花板（房间大小为 350cm×400cm，墙高为 280cm），如图 2-74 所示。

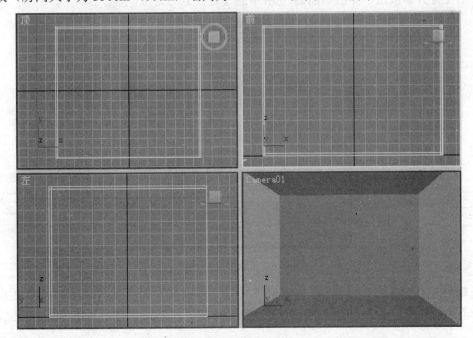

图2-74　房间框架

（3）创建窗户。使用布尔运算在墙上挖出窗户口，再打开【创建】→【几何体】→【窗】命令面板，使用【固定窗】命令，创建一个窗户，如图 2-75 所示。

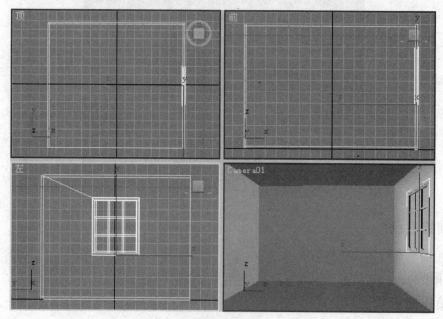

图2-75　创建窗户

（4）将前面制作的书架模型合并到当前的场景文件中。使用【文件】→【合并】菜单，弹出【合并文件】对话框，选择本书配套光盘上"场景"文件夹中的"场景 2-1.max"文件后，单击【打开】按钮，弹出如图 2-76 所示的【合并】对话框。

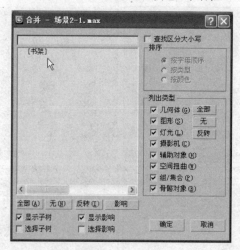

图2-76　【合并】对话框

在对话框的列表栏中单击选择"[书架]"，然后单击【确定】按钮，即可将"场景 2-1.max"文件中的书架模型合并到当前场景文件中。参照图 2-77 所示，调整书架在房间中的位置。

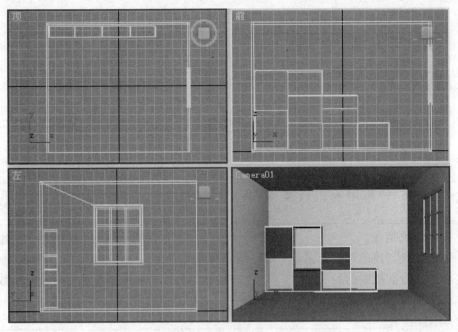

图2-77　书架在房间中的位置

（5）用相同的方法，将本书配套光盘上"场景"文件夹中的"场景 2-2.max"文件里的书桌模型合并到当前场景文件中。

（6）参照图 2-78 所示，分别使用长方体、切角长方体等命令创建凳子。

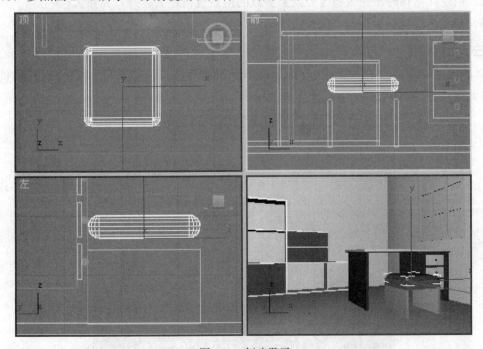

图2-78　创建凳子

（7）为场景中的各个模型指定材质。

习题与实训

一、填空题

1. 3ds Max 2009 提供的几何体模型分为＿＿＿＿＿＿＿＿＿和＿＿＿＿＿＿＿＿＿两类。

2. 列出 6 种常用的标准基本体：＿＿＿＿＿＿＿＿＿、＿＿＿＿＿＿＿＿＿、＿＿＿＿＿＿＿＿＿、＿＿＿＿＿＿＿＿＿、＿＿＿＿＿＿＿＿＿、＿＿＿＿＿＿＿＿＿。

3. 列出 6 种常用的扩展基本体：＿＿＿＿＿＿＿＿＿、＿＿＿＿＿＿＿＿＿、＿＿＿＿＿＿＿＿＿、＿＿＿＿＿＿＿＿＿、＿＿＿＿＿＿＿＿＿、＿＿＿＿＿＿＿＿＿。

4. 复合对象是在＿＿＿＿＿＿＿＿＿＿＿＿＿＿＿＿的基础上形成的单个对象。

5. 如果想使创建的球体表面更平滑，则应修改其＿＿＿＿＿＿＿＿＿参数。

6. 单击命令面板中的＿＿＿＿＿＿＿＿＿按钮，可以查看或修改选定对象的参数。

7. 👁按钮的作用是＿＿＿＿＿＿＿＿＿＿＿＿＿＿＿＿＿。

8. 布尔操作有＿＿＿＿＿＿＿＿＿、＿＿＿＿＿＿＿＿＿、＿＿＿＿＿＿＿＿＿、＿＿＿＿＿＿＿等方式。

二、简答题

1. 简述在 3ds Max 2009 中创建三维几何体的一般操作步骤。

2. 创建几何体时，是否将【分段】参数的值设置得越大越好？为什么？

3. 简述执行布尔操作的一般操作步骤。

三、上机操作

参照本书配套光盘上"实训"文件夹中的文件"实训 2-3.max"，构建一个客厅场景，如图 2-79 所示。

图2-79　客厅场景

第 3 章　二维图形建模

内容导读

二维图形在 3ds Max 建模及动画制作过程中，起着非常重要的作用。很多复杂的模型往往需要先创建二维图形，然后再通过各种命令将二维图形转换成三维模型。从这个意义上说，二维图形是三维建模的重要基础。此外，在动画制作中，二维图形还可以作为对象的运动路径。

3ds Max 2009 中提供了 3 种二维图形，即样条线、NURBS 曲线、扩展样条线。本章将重点介绍样条线的创建方法、编辑方法，以及实现二维图形向三维模型转变的途径。

知识要点

① 创建二维图形的有关命令及参数。
② 通过访问二维图形的子对象（顶点、线段、样条线）编辑二维图形。
③ 将二维图形转变为三维模型的命令：挤出、车削、倒角和放样。

任务一览

任务 5：制作"苹果"标志图形——创建二维图形
任务 6：制作三维"苹果"标志——使用【挤出】修改器产生三维模型
任务 7：花瓶建模——使用【车削】修改器产生三维模型
任务 8：制作保龄球模型——创建放样复合对象

3.1　任务5：制作"苹果"标志图形——创建二维图形

3.1.1　预备知识：创建二维图形

创建二维图形在【创建】→【图形】命令面板中进行，依次单击命令面板上方的  、 按钮，即可打开【创建】→【图形】命令面板，其中提供了 11 个创建二维图形的命令按钮，如图 3-1 所示。使用这些命令可以创建图 3-2 所示的二维图形。

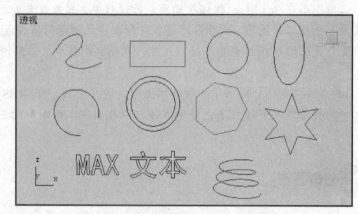

图3-1　【创建】→【图形】命令面板　　　　图3-2　各种二维图形

1．线

线是二维造型的基础，3ds Max 2009 中的线由多个分段构成。使用【线】命令可以创建由直线段或曲线段构成的任意形状的样条线。建立不规则图形时通常使用线命令。

（1）创建线的操作步骤

① 打开【创建】→【图形】命令面板，单击【线】按钮。

② 在视图中连续单击并移动鼠标，即可完成线的创建操作。在画线的过程中，如果把光标移到起始点处单击鼠标左键，则屏幕上会弹出【是否闭合样条线】的提示框。若单击【是】按钮，则生成闭合多边形，并结束【线】命令的执行；若单击【否】按钮，则可继续画线。

③ 单击鼠标右键结束创建线的操作。

（2）线的参数

【线】命令的有关参数如图 3-3 所示。

① 【渲染】卷展栏。每种二维图形的参数面板中都有【渲染】卷展栏，用于将二维图形设置成可被渲染状态。

在渲染中启用　默认状态下，二维图形在渲染中是不可见的。勾选该复选框后，渲染输出后可看见二维图形的效果，如图 3-4 所示。

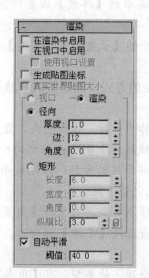
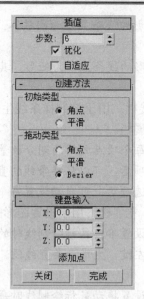

图3-3　【线】命令的参数

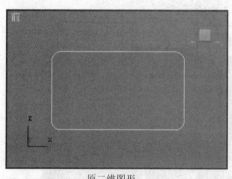

原二维图形

三维图形渲染图

图3-4　二维图形的渲染效果

在视口中启用　选择该复选框后，二维图形以三维网格的形式显示在视图中，如图 3-5 所示。

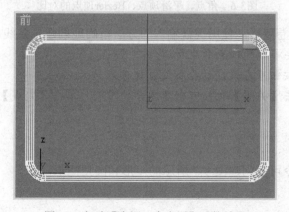

图3-5　勾选【在视口中启用】后的效果

径向　将二维图形的线条显示为圆柱体。其中的【厚度】设置样条线的粗细，【边】设置横截面的边数。

矩形　将二维图形的线条显示为矩形。其中的【长度】和【宽度】分别设置横截面矩形的长和宽。

② 【插值】卷展栏。用于控制样条线生成的方式。除螺旋线和截面外，所有创建二维图形的命令都有此卷展栏。

步数　样线上的每个顶点之间的划分数量称为步数。步长越大，显示的曲线就越平滑。

优化　启用该选项后，可以从样条线的直线线段中删除不必要的步数。

自适应　启用该选项后，可自动设置每个样条线的步数，以生成平滑曲线。

③ 【创建方法】卷展栏。用于设置图形的创建方式。

初始类型　用于设置单击鼠标绘制线时的顶点类型。当选择【角点】选项时，在画线的过程中每次单击鼠标左键，生成一条直线段。当选择【平滑】选项时，单击鼠标左键则生成光滑的曲线。

拖动类型　用于设置拖动鼠标绘制线时每个顶点的类型。有【角点】、【平滑】、【Bezier】3 种类型，其中，Bezier 类型的曲线可以通过顶点处的两个调节柄来调节曲线形状。

角点、平滑顶点、Bezier 顶点的对比如图 3-6 所示。

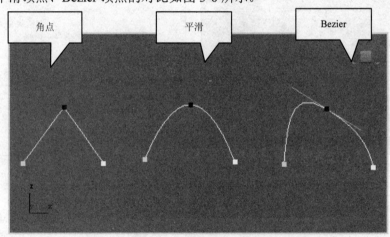

图3-6　角点、平滑顶点、Bezier顶点的对比

④ 【键盘输入】卷展栏。使用键盘输入的方法精确地创建样条线。

X、Y、Z　设置要添加的顶点的坐标。

添加点　单击该按钮可在设定的坐标处创建顶点。

关闭和完成　单击【关闭】按钮可创建闭合的图形，单击【完成】按钮完成样条线的创建。

2. 矩形

使用【矩形】命令可以创建图 3-7 所示的矩形和圆角矩形。

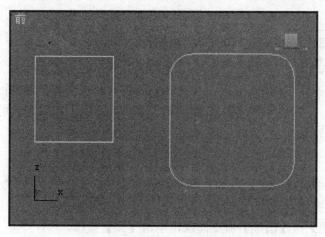

图3-7 【矩形】命令创建的图形

（1）创建矩形的操作步骤

① 打开【创建】→【图形】命令面板，单击【矩形】按钮。

② 在视图中拖放鼠标即可生成一个矩形。

提 示

　　按住 Ctrl 键的同时拖动鼠标，可创建一个正方形。

（2）矩形的主要参数

【矩形】命令的主要参数如图 3-8 所示。

长度　设置矩形的长度。

宽度　设置矩形的宽度。

角半径　设置矩形的圆角半径。该参数的默认值为 0，
这时创建的矩形是直角矩形；当该参数的值大于 0 时，则创
建的矩形变成圆角矩形。

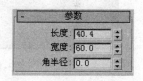

图3-8 【矩形】命令的参数

3. 圆

使用【圆】命令可以创建圆形。

（1）创建圆的操作步骤

① 打开【创建】→【图形】命令面板，单击【圆】按钮。

② 在视图中拖放鼠标，即可创建一个圆形。

（2）圆的主要参数

【圆】命令的主要参数如图 3-9 所示。

① 【创建方法】卷展栏

边　以单击点为边缘开始画圆。

中心　以单击点为圆心开始画圆。

② 【参数】卷展栏

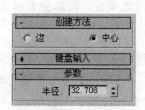

图3-9 【圆】命令的主要参数

图3-10　【椭圆】命令的主要参数

半径　用于设置圆的半径。

4．椭圆

使用【椭圆】命令可以创建椭圆。单击【椭圆】按钮后，在视图中拖放鼠标，即可创建一个椭圆。

椭圆的主要参数如图 3-10 所示。可在【参数】卷展栏中设置椭圆的长度和宽度。

5．弧

使用【弧】命令可以创建如图 3-11 所示的各种弧形。

（1）创建弧的操作步骤

① 打开【创建】→【图形】命令面板，单击【弧】按钮。

② 在视图中拖动鼠标确定圆弧的弦长。

③ 放开左键继续移动鼠标产生圆弧，最后单击鼠标左键结束操作。

（2）弧的主要参数

【弧】命令的主要参数如图 3-12 所示。

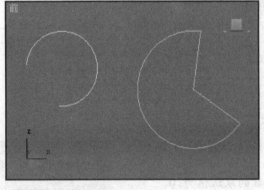

图3-11　弧形

图3-12　【弧】命令的主要参数

① 【创建方法】卷展栏

端点-端点-中央　创建圆弧时，先确定弦长，再确定半径。

中间-端点-端点　创建圆弧时，先确定半径，再确定弦长。

② 【参数】卷展栏

半径　设置圆弧的半径。

从　设置圆弧的起始角度，其单位为度。

到　设置圆弧的终止角度，其单位为度。

饼形切片　选择该选项后，圆弧会自动变为闭合曲线，成为一个饼形切片。

6．圆环

（1）创建圆环的操作步骤

① 打开【创建】→【图形】命令面板，单击【圆环】按钮。

② 在视图中拖动鼠标绘制一个圆形。

③ 放开鼠标左键后再继续移动鼠标绘制第二个圆形，最后单击鼠标左键结束操作。

（2）圆环的主要参数

圆环的主要参数如图 3-13 所示。其中，**半径 1 和半径 2** 分别用于设置构成圆环的两个圆的半径。

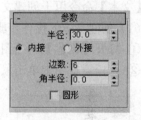

图3-13 【圆环】命令的主要参数

7. 多边形

使用【多边形】命令可创建直边多边形和圆边多边形（圆形），如图 3-14 所示。

（1）创建多边形的操作步骤

① 打开【创建】→【图形】命令面板，单击【多边形】按钮。

② 在视图中拖放鼠标即可创建一个多边形。

（2）多边形的主要参数

【多边形】命令的主要参数如图 3-15 所示。

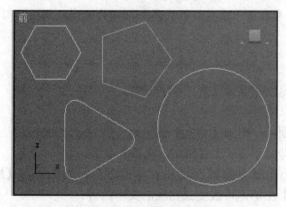

图3-14 直边和圆边多边形   图3-15 【多边形】命令的主要参数

半径 设置与多边形相切的圆的半径。

边数 设置多边形的边数。

角半径 该参数值大于 0 时，可创建圆角多边形。

圆形 勾选该复选框后，可创建圆边多边形。

8. 星形

使用【星形】命令可创建如图 3-16 所示的二维图形。

（1）创建星形的操作步骤

① 打开【创建】→【图形】命令面板，单击【星形】按钮。

② 在视图中拖动鼠标确定星形的第 1 个半径。

③ 放开鼠标左键后继续移动鼠标确定星形的第 2 个半径，最后单击鼠标左键结束操作。

（2）星形的主要参数

【星形】命令的主要参数如图 3-17 所示。

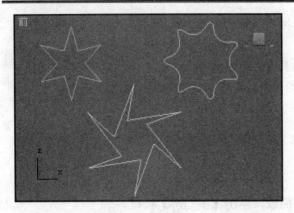

图3-16　星形图形　　　　　　　　图3-17　【星形】命令的参数

半径 1、半径 2　分别设置星形的内径和外径。

点　设置星形的尖角数，其最小值为 3，最大值为 100。

扭曲　该参数可使外部顶点围绕星形中心旋转，产生扭曲效果。

圆角半径 1、圆角半径 2　这两个参数用于设置星形尖角和凹槽的弧度，可使星形的尖角变成圆角。

9. 文本

【文本】命令用于创建文本图形，是创建三维文字造型的基础。

（1）创建文本的操作步骤

① 打开【创建】→【图形】命令面板，单击【文本】按钮。

② 在任意视图中单击鼠标左键，即可创建一个【MAX 文本】图形。

③ 在【参数】卷展栏的文本框中输入文本内容，【MAX 文本】图形即可改变成相应的文本内容。

（2）文本的主要参数

【文本】命令的主要参数如图 3-18 所示。

字体列表　用于设置文本的字体。

文本格式按钮　用于设置文本的字形（斜体和下划线），文本的对齐方式（左对齐、居中对齐、右对齐和两端对齐）。

大小　设置文本的大小，默认为 100。

字间距　设置文本的字间距。

行间距　设置文本的行间距。

图3-18　【文本】命令的参数

文本　可在该文本框中输入文本的内容，按回车键可以产生多行文本。

10. 螺旋线

使用【螺旋线】命令可以创建如图 3-19 所示的螺旋线造型。

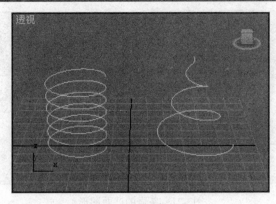

图3-19 螺旋线造型

（1）创建螺旋线的操作步骤

① 打开【创建】→【图形】命令面板，单击【螺旋线】按钮。

② 在视图中拖动鼠标确定螺旋线的底面半径。

③ 放开鼠标左键后向上或向下移动鼠标生成螺旋线的高度，

④ 单击鼠标左键后继续移动鼠标确定螺旋线的顶面半径，最后单击鼠标左键结束操作。

（2）螺旋线的主要参数

【螺旋线】命令的主要参数如图 3-20 所示。

半径 1、半径 2 分别设置螺旋线的底部半径和顶部半径。

高度 设置螺旋线的高度。

圈数 设置螺旋线线圈的圈数。

偏移 设置螺旋线圈是靠近底部还是顶部，其取值范围为-1~1。当偏移值小于 0 时，螺旋线圈靠近底部；当偏移值大于 0 时，螺旋线圈靠近顶部。

图3-20 【螺旋线】命令的参数

顺时针、逆时针 设置线圈的绕向。

11. 截面

截面是二维图形中比较特殊的一个，它不是一个简单的二维图形，而是由一个平面截取一个三维模型所得到的横截面。

创建截面的操作步骤如下。

（1）根据需要创建一个三维模型。

（2）打开【创建】→【图形】命令面板，单击【截面】按钮。在视图中拖放鼠标创建一个网格平面。

（3）将该平面移到三维模型处，使平面与三维模型相交，交界面的图形会以黄线显示。

（4）单击【截面参数】卷展栏中的【创建图形】按钮，即可完成截面图形的创建。

图 3-21 显示了由截面截取一个茶壶产生的截面图形。

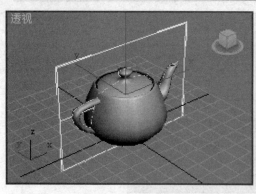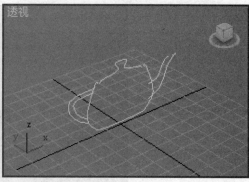

图3-21　茶壶的截面图形

3.1.2　任务实施

 任务目标

① 掌握创建二维图形的有关命令及其常用参数。
② 初步掌握通过子对象编辑二维图形的方法和技巧。

 任务描述

制作如图 3-22 所示的苹果标志图形。具体效果请参见本书配套光盘上"任务相关文档"文件夹中的文件"任务 5.max"。

图3-22　苹果标志图形

 制作思路

将一幅苹果的标志图形作为视图的显示背景，然后以该图形为参照，使用【线】命令勾画苹果标志图形，再编辑图形的顶点使图形精确。最后通过【在渲染中启用】选项使图形能够被渲染出来。

 操作步骤

1. 设置视图的显示背景

（1）启动 3ds Max 2009 后，单击前视图，然后选择【视图】→【视口背景】→【视口背景】菜单，打开如图 3-23 所示的【视口背景】对话框。

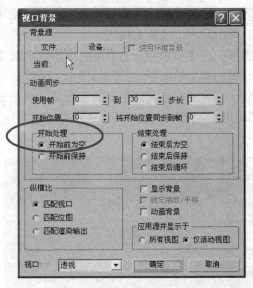

图3-23　【视口背景】对话框

（2）单击【背景源】中的【文件】按钮，在弹出的【选择背景图像】对话框中，选择本书配套光盘上的文件"任务相关文档\素材\苹果图标.bmp"。最后单击【视口背景】对话框中的【确定】按钮。这时，前视图中显示出苹果图形，如图 3-24 所示。

图3-24　前视图中显示的苹果图形

（3）隐藏前视图的网格。将光标移到前视图的左上角，单击鼠标右键，在弹出的快捷菜单中单击【显示栅格】，以取消对该选项的勾选。

（4）单击屏幕右下角视图控制区中的【最大化视口切换】按钮，将前视图最大化，以方便在前视图中绘制二维图形。

2．绘制苹果标志图形

（1）绘制叶子的初始图形。打开【创建】→【图形】命令面板，在【对象类型】卷展栏中单击【线】按钮，然后以前视图背景图形中的叶子为参照，在前视图中连续单击鼠标左键后再移动鼠标，沿着叶子的边沿绘制图形。当最后一个顶点与起始顶点重合时，会弹出【是否闭合样条线】的提示框，单击其中的【是】按钮。

（2）绘制苹果的初始图形。在【对象类型】卷展栏中，取消对【开始新图形】的勾选。再在前视图中沿着背景图形中的苹果绘制苹果的初始图形。

（3）取消背景图形的显示。将光标移到前视图的左上角，单击鼠标右键，在弹出的快捷菜单中单击【显示背景】，即可取消背景图形的显示，这样可以清楚地观察到刚才绘制的图形，如图 3-25 所示。

图3-25　绘制的苹果的初始图形

3．编辑图形

（1）进入图形的编辑状态。单击选择绘制的苹果图形，然后单击命令面板上方的 按钮打开【修改】面板。

（2）单击【可编辑样条线】前面的【+】使之展开，再选择其中的【顶点】。这时，图形进入顶点层级的编辑状态，其中的所有顶点均显示出来，如图 3-26 所示。

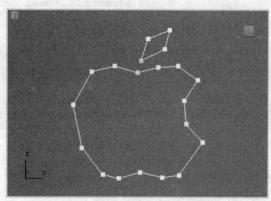

图3-26　进入顶点层级的编辑状态

（3）编辑顶点。分别将光标移到需要作平滑处理的顶点处，单击鼠标右键，在弹出的快捷菜单中选择【平滑】或【Bezier】，使顶点处的线条变得平滑。

（4）也可单击工具栏中的 按钮，通过移动顶点来调整图形。

（5）在命令面板中单击【可编辑样条线】，结束子对象的编辑状态。调整后的苹果图形如图 3-27 所示。

图3-27 编辑后的苹果图形

4．设置图形为可渲染

（1）在视图中选择苹果图形，然后在【修改】命令面板中打开【渲染】卷展栏。

（2）勾选【在渲染中启用】选项，并将【厚度】值设置为 8。

（3）单击工具栏中的 按钮，对前视图进行渲染。

3.1.3 知识链接：编辑二维图形

通过编辑二维图形，可以得到需要的任意形状的图形。一个二维图形包含 3 个子对象层级，即：顶点、线段和样条线，通过访问和编辑子对象，可以灵活方便地编辑二维图形。

1．编辑二维图形的方法

要访问和编辑图形的子对象，就必须将图形转变为可编辑样条线。以下两种方法可将图形转换为可编辑样条线。

（1）在视图中选择要转换的图形，再把光标移到图形处单击鼠标右键，然后在弹出的快捷菜单中选择【转换为：】→【转换为可编辑样条线】。

（2）使用【编辑样条线】修改器。选择要编辑的图形后，单击命令面板上方的 按钮，打开【修改】面板，再单击【修改器列表】下拉列表框右侧的箭头按钮，然后在弹出的下拉列表中选择【编辑样条线】，该修改器的相关参数将显示在【修改】面板的下方。

以上两种方法均可以进入顶点、线段和样条线 3 个子对象层级，进行图形的编辑操作。在【选择】卷展栏中单击 、 、 3 个按钮，可以分别进入顶点、线段和样条线三个子对象层级的编辑状态。

两种编辑二维图形的方法稍有不同。将图形转换成可编辑样条线将丢失图形的创建参数，而使用【编辑样条线】修改器则可保留图形的创建参数。

用【线】命令创建的图形已经是可编辑的样条线，因此不需要再转换。

2．编辑顶点

将图形转换成可编辑样条线或应用了【编辑样条线】修改器后，单击命令面板【选择】卷展栏中的 按钮，即可进入顶点子对象层级进行编辑。

（1）选择顶点

进入顶点编辑状态后，除了图形的起始顶点以黄色显示之外，其余顶点均显示为白色。

选择单个顶点　在视图中单击要选择的顶点，使该顶点变成红色，即可选择该顶点。

选择多个顶点　按住 Ctrl 键，依次单击所要选择的顶点，即可同时选择多个顶点。按住 Ctrl 键，单击选中的某个顶点，则可取消对该顶点的选择。

选择一个区域内的所有顶点　在视图中按下鼠标左键拖动，跟随鼠标的移动会出现一个虚框，松开鼠标后，被虚框框住的顶点均被选择。

（2）改变顶点类型

通过改变顶点的类型，可以灵活改变二维图形的形状。将光标移到要改变类型的顶点处单击鼠标右键，从弹出的快捷菜单中可以设置顶点的类型。有以下 4 种类型的顶点可供选择：

Bezier 角点　该类型的顶点有两个绿色的角度调节柄，分别改变两个调节柄的方向可调整顶点处的角度。

Bezie　该类型的顶点同样提供两个调节柄，这两个调节柄相互关联，始终成一直线并与顶点相切。

角点　该类型的顶点不提供调节柄，顶点两端的线段呈任意角度。

平滑　该类型的顶点不提供调节柄，顶点两端的线段非常平滑。

4 种顶点类型如图 3-28 所示。

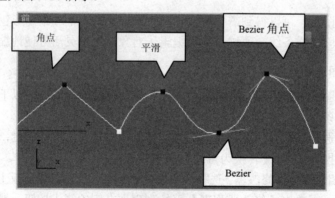

图3-28　4种顶点类型

（3）常用顶点编辑命令

选择顶点后，可以使用工具栏上的 ✛、■、↻ 按钮对顶点进行移动、缩放和旋转等编辑操作，达到修改图形的目的。除此以外，【几何体】卷展栏中还包含了许多编辑顶点的命令，下面介绍几个常用的编辑顶点的命令。

焊接　将两个端点顶点或同一样条线中的两个相邻顶点转化为一个顶点。选择要焊接的两个顶点后，单击【焊接】按钮，如果这两个顶点在按钮右侧由【焊接阈值】微调器设置的单位距离内，则将转化为一个顶点。

连接　连接两个端点顶点以生成一个线性线段。单击【连接】按钮后，将鼠标光标移到某个端点顶点处，使光标变成十字形，然后从该端点顶点拖动到另一个端点顶点即可。

插入　可插入一个或多个顶点。单击【插入】按钮后，在线段中的任意位置单击鼠标可以插入顶点，单击鼠标右键结束插入顶点的操作。

圆角和切角　单击【圆角】按钮后，把光标移到要转为圆角的顶点处拖动鼠标，即可在该顶点的位置设置圆角。单击【切角】按钮后拖动某个顶点，则可在该顶点处设置倒角。圆角和切角的效果如图 3-29 所示。

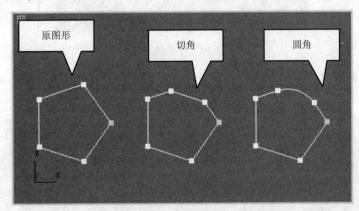

图3-29　圆角和切角

删除　选择顶点后，单击【删除】按钮可删除所选顶点。

3．编辑线段

单击命令面板【选择】卷展栏中的 按钮，即可进入线段子对象层级进行编辑。

（1）改变线段类型

选择线段后，单击鼠标右键，从弹出的快捷菜单中选择【线】或【曲线】，即可设置线段类型。

线　强制线段以直线显示，可以把曲线拉直。

曲线　使线段保持原有的曲率，默认的线段类型为【曲线】。

（2）常用线段编辑命令

选择线段后，可使用命令面板【几何体】卷展栏中提供的线段编辑命令编辑线段。

删除　选择线段后，单击【删除】按钮可删除所选线段。

拆分　单击【拆分】按钮，可根据按钮右侧微调器指定的顶点数来拆分所选线段。

分离　单击【分离】按钮，可将所选线段从原图形中分离出来，构成一个新的图形。

4．编辑样条线

单击命令面板【选择】卷展栏中的 按钮，即可在样条线层级上完成对二维图形的编辑操作。

【几何体】卷展栏中提供的常用样条线编辑命令如下。

轮廓　该命令可以生成平行于样条线的轮廓线。单击【轮廓】按钮后，把光标移到要生成轮廓线的样条线处拖动鼠标，即可生成该样条线的轮廓线，如图 3-30 所示。

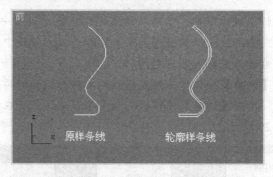

图3-30　样条线轮廓

布尔　该命令可以对两个闭合图形作并集、差集和相交 3 种布尔运算，从而产生一个新的图形，如图 3-31 所示。

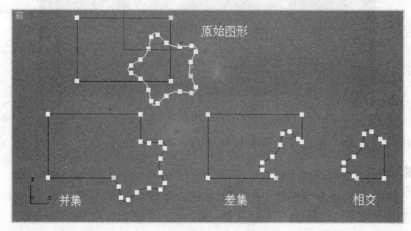

图3-31　样条线的布尔操作

镜像　单击选择镜像的方向，然后单击【镜像】按钮，即可镜像样条线。有 3 种镜像方向：水平镜像、垂直镜像、双向镜像（对角线方向），如图 3-32 所示。

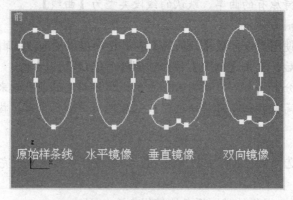

图3-32　3种镜像方向

关闭　该命令用于将开放的样条线变成闭合的样条线。

3.2 任务6：制作三维"苹果"标志
——使用【挤出】修改器产生三维模型

3.2.1 预备知识：【挤出】修改器

创建二维图形的目的常常是需要在二维图形的基础上生成复杂的三维模型。二维图形可以通过多种方法快速变成三维模型，如使用【挤出】、【车削】等修改器，或是使用【放样】工具等。从二维到三维是最常用的三维建模途径之一。

使用【挤出】修改器可以将二维图形挤出厚度，这是一种将二维图形转变成三维模型的最简单的方法。

1. 选择修改器的一般方法

（1）选择要应用修改器的图形后，单击命令面板上方的 按钮打开【修改】面板。

（2）单击【修改器列表】右侧的下拉箭头按钮，从弹出的修改器列表中选择要使用的修改器。

2.【挤出】修改器的参数

【挤出】修改器的参数如图 3-33 所示。

数量 设置二维图形挤出的厚度。

分段 设置挤出对象在厚度方向上的分段数。

封口 在挤出对象的始端生成一个平面。

 在挤出对象的末端生成一个平面。

图3-33 【挤出】修改器的参数

3.2.2 任务实施

任务目标

掌握【挤出】修改器的使用方法及其常用参数设置方法。

任务描述

在"任务 5"中制作的二维苹果标志图形的基础上，生成如图 3-34 所示的三维苹果标志模型。具体效果请参见本书配套光盘上"任务相关文档"文件夹中的文件"任务 6.max"。

图3-34 三维苹果标志模型

制作思路

对二维苹果标志图形使用【挤出】修改器，使它产生一定的厚度，从而形成三维模型。

 操作步骤

1. 使用【挤出】修改器

（1）打开场景文件。启动 3ds Max 2009 后，使用【文件】→【打开】菜单，在【打开文件】对话框中，选择本书配套光盘上"场景"文件夹中的"场景 3-1.max"文件。该文件中提供了一个已经绘制好的二维苹果标志图形。

（2）应用【挤出】修改器。在视图中单击选定苹果图形，然后单击命令面板上方的 按钮打开"修改"面板，再单击"修改器列表"右侧的下拉箭头按钮，从弹出的列表中选择【挤出】。

（3）设置【挤出】修改器的参数。在命令面板的"参数"卷展栏中设置"数量"的值为80。这时二维的苹果图形即变成了三维模型，如图 3-35 所示。

2. 设置渐变的渲染背景

（1）选择【渲染】→【环境】菜单，打开【环境和效果】对话框。在【背景】栏中，单击【无】长按钮。在弹出的【材质/贴图浏览器】窗口中，双击【渐变】。最后关闭【环境和效果】对话框。

（2）单击工具栏中的 按钮，对透视图进行渲染。这时可以看出渲染背景变成了黑、灰、白的渐变色。

（3）调整渐变色。单击工具栏中的【材质编辑器】按钮 ，打开【材质编辑器】窗口，单击其中的【获取材质】按钮 ，然后在弹出的【材质/贴图浏览器】中，将【浏览自：】设置为【场景】，再在右边的列表栏中双击"环境"，如图 3-36 所示，这时【材质/编辑浏览器】的第一个示例窗口中即显示出了黑白渐变色。

图3-35　使用【挤出】修改器后的三维效果

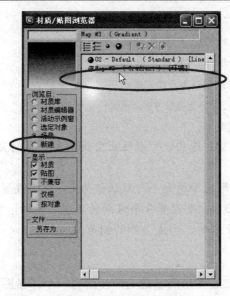

图3-36 编辑环境贴图

（4）在【材质编辑器】的【渐变参数】卷展栏中，将【颜色 #1】和【颜色 #3】设置为蓝色，将【颜色 #2】设置为白色。

（5）单击工具栏中的 按钮，对透视图进行渲染。

3.2.3 知识链接：【倒角】修改器和【倒角剖面】修改器

1.【倒角】修改器

【倒角】修改器也可以将二维图形挤出一定的厚度，常用于对文字模型和徽标的处理。与【挤出】修改器不同的是，【倒角】修改器能够在三维模型的边缘产生平的或圆的倒角效果，如图 3-37 所示。

【倒角】修改器的参数如图 3-38 所示。

图3-37 应用【倒角】修改器后的效果

图3-38 【倒角】修改器的参数

【参数】卷展栏：

封口　设置生成的倒角对象是否需要封口。

曲面　控制曲面侧面的曲率、平滑度和贴图。

线性侧面　将倒角内部的片段划分为直线方式。

曲线侧面　将倒角内部的片段划分为弧形方式。通过设置下面的"分段"值，可以使弧形倒角更加平滑。

级间平滑　对倒角进行平滑处理。

相交　选择"避免线相交"选项，可以防止尖锐折角产生的突出变形。

【倒角值】卷展栏：

起始轮廓　设置原始图形轮廓的大小。默认值为 0，非零设置会改变原始图形的大小。

级别 1、级别 2、级别 3　分别设置 3 个级别的高度和轮廓。"轮廓"值小于 0 时，形成向内的倒角，"轮廓"值大于 0 时，形成向外的倒角。

2.【倒角剖面】修改器

【倒角剖面】修改器在二维图形的基础上，使用另一个样条图形作为倒角的横截剖面来挤出图形。下面以制作特效苹果标志为例，简单介绍【倒角剖面】修改器的作用及用法。

（1）使用【线】命令绘制二维的苹果标志图形，再用【矩形】命令创建一个较小的矩形作为倒角横截剖面，如图 3-39 所示。

（2）选择苹果图形，在【修改】命令面板的修改器列表中选择【倒角剖面】修改器，在【参数】卷展栏中，单击【拾取剖面】按钮，然后把光标移到视图中单击矩形，效果如图 3-40 所示。

下面修改作为横截剖面的图形，观察生成的倒角剖面对象的变化。

（3）调整矩形的参数，使其变成圆角矩形，结果如图 3-41 所示。

图3-39　倒角剖面对象的原始图形

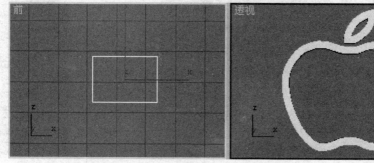

图3-40　横截剖面图形与倒角剖面对象（一）

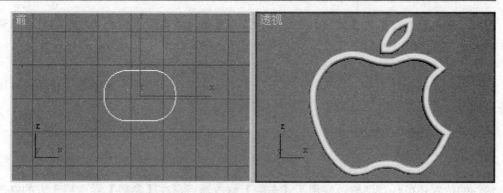

图3-41 横截剖面图形与倒角剖面对象（二）

（4）进一步编辑矩形，使其效果如图 3-42 所示。

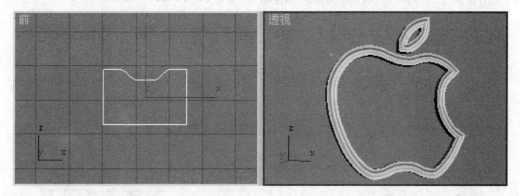

图3-42 横截剖面图形与倒角剖面对象（三）

3.3 任务7：花瓶建模——使用【车削】修改器产生三维模型

3.3.1 预备知识：【车削】修改器

【车削】修改器的作用是通过绕指定的轴旋转二维图形而得到三维模型，它也是将二维图形转换成三维模型的一种重要方法，常用来建立如柱子、花瓶、盘子、盆子等轴对称模型。

选择要应用【车削】修改器的二维图形，然后单击【修改】面板中【修改器列表】框右侧的下拉箭头按钮，再从弹出的列表中选择【车削】，即可对所选二维图形应用【车削】修改器。

【车削】修改器的参数如图 3-43 所示。

度数 设置二维图形绕转轴旋转的角度。取值范围在 0 ~ 360 之间，默认值为 360°。

焊接内核 选中该复选框后，将焊接旋转轴中心的顶点，以简化网格面。

翻转法线 选中该复选框后，将使旋转物体表面法线反向，即旋转物体由内至外翻了个面。

分段 设置旋转得到的三维模型在圆周方向上的分段数，该值越大，物体表面就越平滑。其默认值为 16。

封口　如果车削对象的【度数】小于 360，则可通过该选项控制是否在车削对象内部创建封口。

方向　设置旋转的转轴。默认情况下，二维图形将绕 Y 轴旋转。

对齐　设置转轴对齐在二维图形的哪个位置。这是一个非常重要的参数，转轴的对齐位置将直接影响最后得到的三维模型的外形。可将转轴对齐在以下 3 个不同的位置：

最小　将转轴对齐在图形的最小坐标处。

中心　将转轴对齐在图形的中心。

最大　将转轴对齐在图形的最大坐标处。

转轴的位置还可任意调整。应用了【车削】修改器后，在【参数】卷展栏上方的修改器堆栈列表中，单击【车削】前面的【+】使之展开，如图 3-44 所示，再单击分支中的【轴】，然后使用移动工具 可以任意调整转轴位置。

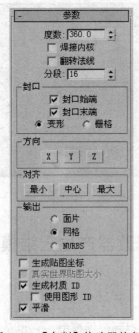

图3-43　【车削】修改器的参数　　　　　　图3-44　选择【车削】修改器下的子对象【轴】

3.3.2　任务实施

任务目标

掌握【车削】修改器的使用方法及其常用参数。

任务描述

本任务使用【车削】修改器制作如图 3-45 所示的花瓶模型，具体效果请参见本书配套光盘上"任务相关文档"文件夹中的文件"任务 7.max"。在后面第 5 章的材质和贴图中，将为这个花瓶模型指定不同的材质，使其呈现出多种视觉效果。

图3-45 花瓶模型

 制作思路

① 首先使用【线】命令勾画花瓶的截面图形。

② 编辑截面图形，产生轮廓线。

③ 使用【车削】修改器，将截面图形旋转成三维模型。

 操作步骤

1. 创建花瓶的截面图形

（1）启动 3ds Max 2009 后，打开【创建】→【 图形】命令面板，单击【对象类型】卷
展栏中的【线】按钮，然后在前视图中绘制图 3-46 所示的图形。

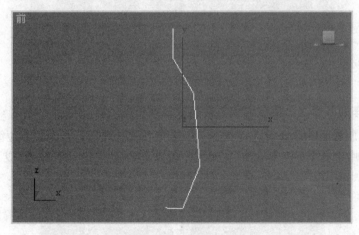

图3-46 花瓶截面的初始线条

（2）确认绘制的图形被选定，打开【修改】命令面板，单击"Line"前面的【+】使之展
开，再单击【顶点】进入顶点子对象的编辑层级（也可在【选择】卷展栏中单击 ∵ 按钮进
入顶点子对象的编辑层级）。

（3）选择要调整成平滑线条处的顶点，然后单击鼠标右键，从弹出的快捷菜单中选择
Bezier，通过移动顶点或移动 Bezier 顶点的调节柄，使图形轮廓变得平滑，如图 3-47 所
示。

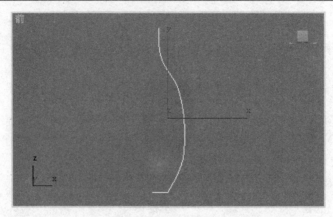

图3-47　平滑后的截面图形

（4）进入样条线编辑层级，使用【几何体】卷展栏中的【轮廓】命令，生成截面图形的轮廓线，结果如图 3-48 所示。

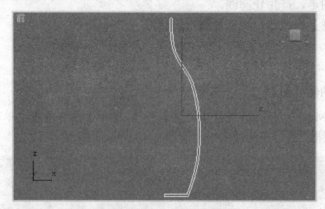

图3-48　生成截面图形的轮廓线

2．使用【车削】修改器将截面图形旋转成三维模型

（1）确认花瓶截面图形处于选定状态，单击【修改器列表】右侧的下拉箭头按钮，从弹出的修改器列表中选择【车削】。这时从视图中可以看到截面图形随即旋转成了三维模型，如图 3-49 所示。

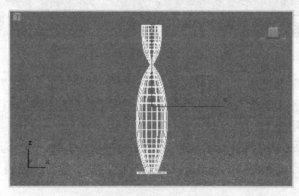

图3-49　旋转得到的三维模型

（2）在【车削】修改器【参数】卷展栏的【对齐】栏中单击【最小】按钮，即可将转轴对齐在图形的最小坐标处，再设置【分段】为 30，结果如图 3-50 所示。至此，就完成了花瓶模型的制作。

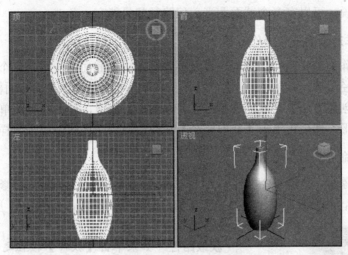

图3-50　完成后的花瓶模型

（3）在透视图中单击，然后单击工具栏中的 👁 按钮渲染该视图，观察花瓶模型的效果。

3.4　任务8：制作保龄球模型——创建放样复合对象

3.4.1　预备知识：【放样】命令

1．放样的有关概念

在二维图形的基础上产生三维模型的另一条重要途径是使用【放样】命令，与前面介绍的【挤出】、【倒角】、【车削】等命令相比，使用【放样】命令可以得到更复杂、更灵活多变的三维模型。

放样是一种创建复合对象的工具，它可以将二维图形放样成三维模型。该命令位于【创建】→【几何体】→【复合对象】命令面板中。

所谓"放样"，是指将一个或多个二维图形放置在一条三维空间的路径上，使它沿着这条路径转换成三维模型。例如，将圆环沿着一条曲线放样，即可得到一根管道。

放样是产生复杂三维模型的重要方法之一。放样最少需要两个二维图形，一个作为路径，另一个作为放样生成物的横截面。

（1）截面图形

截面图形是指用于放样成三维模型的横截面。截面图形可以是闭合的，也可以是开放的。生成放样对象时，可以同时在一条放样路径上放置多个不同的截面图形，这样就能得到更为复杂的三维造型。

（2）放样路径

可以把放样路径看作是一个容纳图形的地方，截面图形就是沿着路径进行放样（堆叠）。

放样路径可以是闭合的，也可以是开放的。

（3）放样对象

使用【放样】命令将截面图形沿路径伸展后所得到的三维模型，称为放样对象。对于同一个放样对象来说，可以有多个截面图形，但路径却只能有一条。

2. 创建放样对象的一般操作步骤

（1）创建要作为放样路径的图形，以及要作为放样横截面的一个或多个图形。

（2）选择路径图形，再在【创建】→【几何体】→【复合对象】命令面板中选择【放样】命令，然后在【创建方法】卷展栏中单击【获取图形】按钮，最后在视图单击截面图形。或者先选择截面图形，然后再单击【获取路径】按钮，最后在视图中单击放样路径。

3.【放样】命令的有关参数

选择放样对象后，单击命令面板中的 按钮打开【修改】面板，在修改器堆栈列表中将显示 Loft 工具，其参数面板也将显示在【修改】面板的下方，如图 3-51 所示。

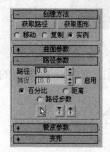

图3-51　【放样】命令的参数

【创建方法】卷展栏

获取路径　如果单击【放样】按钮之前选择的是截面图形，那么此时就应单击【获取路径】按钮获取路径。

获取图形　如果单击【放样】按钮之前选择的是想作为路径的图形，那么此时就应单击【获取图形】按钮获取截面图形。

【路径参数】卷展栏

路径　该文本框中的数值指定所选的截面图形在路径上的位置。

百分比　用路径的百分比来指定截面图形的位置。

距离　用从路径开始的绝对距离来指定截面图形的位置。

路径步数　用表示路径样条线的顶点和步数来指定横截面的位置。

3.4.2　任务实施

任务目标

① 理解放样的相关术语，掌握【放样】命令的基本使用方法。

② 掌握放样变形的使用方法。

任务描述

本任务使用【放样】命令制作如图 3-52 所示的保龄球模型，具体效果请参见本书配套光盘上"任务相关文档"文件夹中的文件"任务 8.max"。

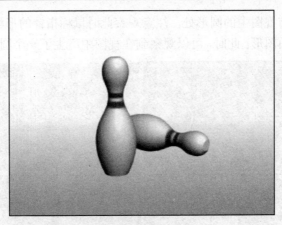

图3-52 保龄球模型

 制作思路

① 使用创建二维图形的有关命令创建用于放样的路径图形和截面图形。

② 使用放样命令进行放样，再应用缩放变形工具调整出保龄球模型的轮廓曲线。

③ 给保龄球模型指定白底红条的贴图材质。

 操作步骤

1. 创建截面图形和放样路径

（1）创建作为截面图形的二维图形。启动 3ds Max 2009 后，打开【创建】→【图形】命令面板，单击【对象类型】卷展栏中的【圆】命令，在前视图中创建一个圆形。

（2）创建作为放样路径的二维图形。单击【对象类型】卷展栏中的【线】命令，在前视图中创建一条直线，如图 3-53 所示。

2. 使用【放样】命令生成放样对象

（1）打开【创建】→【几何体】命令面板，在【对象类型】卷展栏上方的下拉列表中选择【复合对象】，打开创建复合对象的命令面板。

（2）在视图中选择直线，然后在【对象类型】卷展栏中单击【放样】命令按钮，再单击【创建方法】卷展栏中的【获取图形】按钮，使该按钮变成黄色显示。

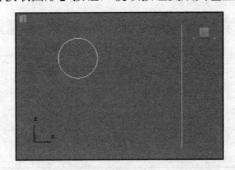

图3-53 作为截面图形的圆和作为放样路径的直线

（3）将鼠标移到前视图中的圆形处，注意观察此时鼠标指针的形状，单击鼠标左键，拾取圆形作为放样的截面图形。此时，可以观察到在视图中产生了一个圆柱体，如图 3-54 所示。

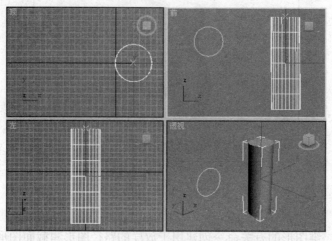

图3-54　放样得到的圆柱体三维模型

3．使用缩放变形工具

（1）确认放样得到的圆柱体被选定，单击命令面板上方的 按钮打开【修改】面板。在命令面板的最下方单击【变形】使该卷展栏展开，最后单击其中的【缩放】按钮，打开如图 3-55 所示的【缩放变形】窗口。

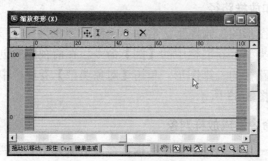

图3-55　【缩放变形】窗口

（2）在【缩放变形】窗口中单击工具栏上的【插入角点】按钮 ，然后在窗口内的红色直线上增加 3 个控制点，如图 3-56 所示。

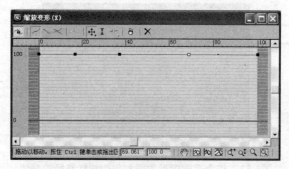

图3-56　插入3个控制点

（3）单击窗口工具栏中的 按钮，参照图 3-57 所示，调整各个控制点的位置，并在中间的 3 个控制点处单击鼠标右键，在弹出的快捷菜单中将控制点的类型设置为【Bezier-平滑】，通过调整节点的控制柄来调整曲线的形状，如图 3-58 所示。这时，可以从视图中观察到圆柱体发生了变化，如图 3-59 所示。

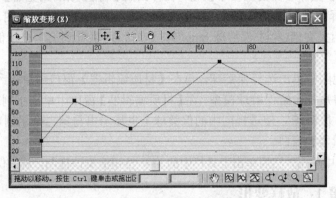

图3-57　调整控制点的位置

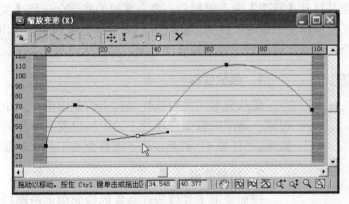

图3-58　调整曲线的形状

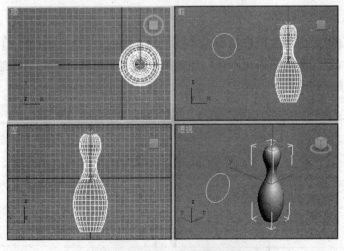

图3-59　发生变化后的圆柱体

4．给保龄球模型指定材质

（1）单击工具栏中的【材质编辑器】按钮 ，打开【材质编辑器】窗口。

（2）在【材质编辑器】窗口中单击选择第二个示例球，然后在【Blinn 基本参数】卷展栏中，单击【漫反射】色样右侧的空白小按钮，在弹出的【材质/贴图浏览器】窗口中，双击【位图】，最后在【选择位图图像文件】对话框中选择一幅有白底红条图案的图片（本书配套光盘上的文件"任务相关文档\素材\保龄球.bmp"）。这时，可以看到第二个示例球上出现了白底红条的图案。

（3）在任一视图中单击选择保龄球，再在【材质编辑器】窗口中单击 按钮，将第二个示例球上的贴图材质指定给保龄球模型。在【材质编辑器】窗口中单击示例球列表下方的【在视口中显示贴图】按钮 ，使透视图中的保龄球上也显示出与第二个示例球相同的贴图。最后关闭【材质编辑器】窗口。

（4）在透视图中单击，然后单击工具栏中的 按钮渲染该视图，观察保龄球的渲染效果。

3.4.3　知识链接 1：放样变形

选定放样对象并打开【修改】命令面板后，命令面板的底部会出现【变形】卷展栏，该卷展栏中提供了 5 个放样变形命令，如图 3-60 所示。对放样对象来说，使用【变形】卷展栏中的各种变形命令，可以实现对放样对象的修饰处理，以产生更加复杂的三维模型。

图3-60　【变形】卷展栏

1．缩放变形

缩放变形工具对放样路径上的截面图形大小进行缩放，在获得同一造型的截面在路径上的不同位置具有不同大小比例的特殊效果。"任务 8"就是使用了缩放变形工具来制作保龄球模型。

2．扭曲变形

扭曲变形工具使放样对象的截面图形沿路径所在的轴旋转，以形成扭曲的造型。

3．倾斜变形

倾斜变形工具主要用于改变放样对象在路径始末端的倾斜度。如图 3-61 所示的圆珠笔模型其放样路径为直线，截面图形为圆环。经过缩放变形使圆珠笔笔杆的底部缩小，倾斜变形产生笔杆顶部的倾斜效果。

图3-61　圆珠笔

4．倒角变形

倒角变形工具通过设置变形曲线使放样对象的边缘产生倒角效果。如图 3-62 所示的倒角文字是对放样对象使用倒角变形制作出的，其截面图形是文本文字图形，放样路径是一条直线段。

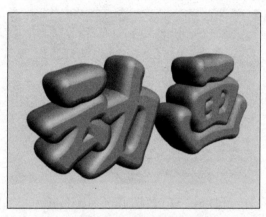

图3-62　使用倒角变形制作的倒角文字

5．拟合变形

拟合变形用于根据自己定义的截面造型来产生模型，其基本思想是通过使用两条修正曲线定义放样对象的顶面和侧面轮廓。通常，如果想要通过轮廓线生成放样对象时就可以使用拟合变形。

3.4.4　知识链接2：多截面放样

许多复杂的三维造型均有多种不同的横截面，这种造型可以通过在一条放样路径上放置多个不同的截面图形来实现。

1．多截面图形设置

本节以制作如图 3-63 所示的瓶子造型为例，详细介绍在一条放样路径上放置多个不同截面图形的方法。

图3-63　瓶子造型

操作步骤：

（1）启动 3ds Max 2009 之后，打开【创建／图形】命令面板，分别使用【线】、【矩形】、【多边形】、【圆形】命令，在前视图中创建如图 3-64 所示的直线、圆角矩形、多边形和圆形。其中，圆角矩形、多边形和圆形将作为瓶子的截面图形，直线将作为放样路径。

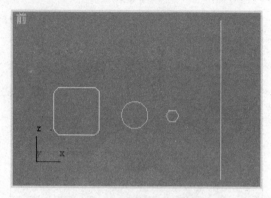

图3-64　瓶子的截面图形和放样路径

（2）单击直线选择放样路径，然后打开【创建/几何体/复合对象】命令面板，在【对象类型】卷展栏中按下【放样】命令按钮后，在【创建方法】卷展栏内单击【获取图形】按钮，然后在前视图中单击多边形获取截面图形，这时，视图中即出现了一个柱形放样对象。

（3）在命令面板的【路径参数】卷展栏中，将【路径】值改为 8，再单击【获取图形】按钮，再次在视图中单击选择多边形。此时从前视图中可以观察到放样对象的路径上有一个黄色的【×】标记，它表示当前所要获取的截面图形在路径上的位置。

（4）将【路径】参数的值改为 9，再单击【获取图形】按钮，然后在视图中单击选择圆形，这时放样对象的变化如图 3-65 所示。

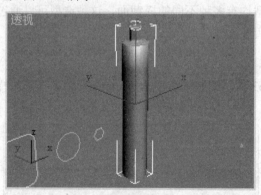

图3-65　在路径上放置多边形和圆形后的放样对象

（5）将【路径】参数的值改为 45，再单击【获取图形】按钮，然后在视图中单击选择圆角矩形，这时，放样对象就变成了一个瓶子造型。

仔细观察瓶子的上半部，可以看出圆形截面向矩形截面过渡的位置有些扭曲，如图 3-66 所示。这是因为圆形与矩形两个图形的起始点位置不同，从而导致了放样对象的扭曲现象。下面，检查并调整各个截面图形的起始点，使它们对齐。

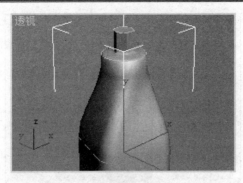

图3-66　扭曲现象

　　（6）确认瓶子处于选定状态，打开【修改】命令面板，单击展开其中的【蒙皮参数】卷展栏，取消其中【显示】栏中的【蒙皮】复选框，这时，放样对象处清晰地显示出路径及路径上的每一个截面图形。

　　（7）在【修改】面板的修改器堆栈列表中，单击 Loft 前面的加号使之展开，再单击子对象【图形】，这时，【图形命令】卷展栏即出现在命令面板中。

　　（8）单击【图形命令】卷展栏中的【比较】按钮，弹出【比较】对话框。单击对话框左上角的【拾取图形】按钮 ，再把光标移到视图中放样对象处的多边形处，这时光标旁出现了一个加号。单击鼠标左键后，多边形即出现在【比较】对话框中。用相同的方法，分别拾取圆形和矩形，效果如图 3-67 所示。

　　（9）注意观察【比较】对话框中每个截面图形上的起始顶点标志，从图3-66 中可以看出，3 个图形的起始点没有对齐在一条水平线上。单击工具栏中的 按钮，在顶视图中旋转矩形，使多边形、圆形和矩形的起始点都大致对齐在一条水平线上，如图 3-68 所示。

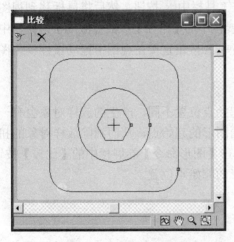

图3-67　拾取圆形和矩形

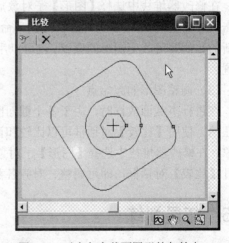

图3-68　对齐各个截面图形的起始点

　　（10）确认瓶子处于选定状态，单击【蒙皮参数】卷展栏【显示】栏中的【蒙皮】复选框。从透视图中可以观察到瓶子的扭曲现象消失了。

　　（11）渲染透视图，得到如图 3-69 所示的渲染效果。

图3-69　瓶子造型

2．调整截面图形

通过在修改器堆栈中单击 Loft 层级中的【图形】子对象，可以编辑和调整截面图形。为了便于观察，在调整截面图形之前，通常先取消对【蒙皮参数】卷展栏【显示】参数栏中【蒙皮】复选框的选择。

（1）编辑截面图形的参数

在修改器堆栈中选择【图形】子对象后，单击工具栏中的　按钮，然后将鼠标移到视图中单击所要编辑的截面图形，代表该图形类型的名称就会显示在堆栈区域中 Loft 的下方。单击该类型名称，所选图形的参数面板即出现在【修改】面板下方，此时，即可修改截面图形的参数。

（2）调整截面图形的位置

在修改器堆栈中选择【图形】子对象后，单击工具栏中　按钮，然后将鼠标移到视图中单击所要调整的截面图形，这时，【图形命令】卷展栏中的【路径】参数被激活了，在其中输入新的数值即可改变图形的位置。也可以用工具栏中　按钮直接在视图中拖动鼠标调整图形位置。

（3）调整图形的起始点

在进行多截面放样时，由于各个截面图形的起始点位置不同，产生的放样对象会有一定的扭曲。使用【比较】对话框可以比较和调整截面图形的起始点，从而消除放样对象的扭曲现象。在修改器堆栈中选择【图形】子对象后，单击【图形命令】卷展栏中的【比较】按钮，打开【比较】对话框，即可调整、对齐各截面图形的起始点位置。

3.5　拓展训练

3.5.1　酒杯

 训练内容

参照本书配套光盘上"实训"文件夹中的文件"实训 3-1.max"，制作一个酒杯模型，其模型效果如图 3-70 所示。

图3-70 酒杯模型

 训练重点

① 创建及编辑二维图形。

② 使用【车削】修改器旋转二维图形，得到三维模型。

 操作提示

（1）启动 3ds Max 2009 之后，打开【创建】→【图形】命令面板，使用【线】命令在前视图中创建酒杯的初始截面图形，如图 3-71 所示。

（2）在【修改】命令面板的【修改器列表】列表中展开 Line 层级，单击其中的【顶点】进入顶点编辑状态，通过调整顶点的类型及位置，使酒杯的截面图形变得平滑。

（3）单击【样条线】进入样条层次编辑状态，使用【几何体】卷栏中的【轮廓】命令创建酒杯的轮廓图形，并参照图 3-72 所示，对轮廓图形进行调整。

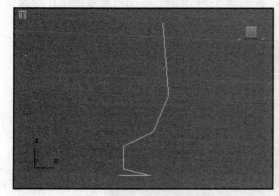 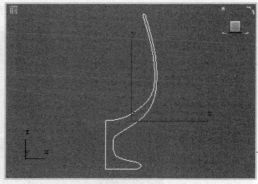

图3-71 酒杯的初始截面图形   图3-72 调整后酒杯的轮廓图形

（4）单击【修改器列表】中的 Line，回到【线】的编辑状态。确认酒杯轮廓图形被选定，在【修改器列表】的下拉列表中选择【车削】，线条即被旋转成了三维模型。在【参数】卷展栏中勾选【焊接内核】，设置【分段】为 32，【对齐】为"最小"，即得到酒杯模型。

3.5.2　窗帘

 **训练内容**

参照本书配套光盘上"实训"文件夹中的文件"实训 3-2.max"，制作一个窗帘，其效果如图 3-73 所示。

图3-73　窗帘

 训练重点

① 使用【放样】命令创建放样对象。

② 在放样路径上放置多个截面图形。

 操作提示

（1）打开场景文件。启动 3ds Max 2009 后，使用【文件】→【打开】菜单，在【打开文件】对话框中，选择本书配套光盘上"场景"文件夹中的"场景 3-2.max"文件。该文件中提供了一个窗户模型。

（2）创建截面图形和放样路径。启动 3ds Max 2009 后，打开【创建】→【图形】命令面板，单击【对象类型】卷展栏中的【线】命令，参照图 3-74 所示，绘制两条波浪线作用窗帘的截面图形，再创建一条直线作为窗帘的放样路径。

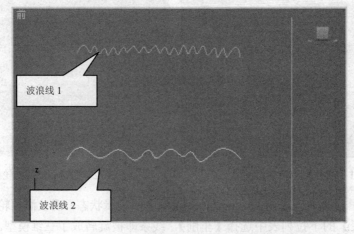

图3-74　窗帘的截面图形和放样路径

（3）单击直线选择放样路径，然后打开【创建】→【几何体】→【复合对象】命令面板，在【对象类型】卷展栏中按下【放样】命令按钮后，在【创建方法】卷展栏内单击【获取图形】按钮，然后在前视图中单击【波浪线1】获取截面图形，这时，视图中即出现了一个放样对象。

（4）在命令面板的【路径参数】卷展栏中，将【路径】值改为100。

（5）再次单击【获取图形】按钮，然后在视图中单击选择【波浪线2】。从视图中可以看出放样对象的底部发生了变化。

（6）在命令面板的【蒙皮参数】卷展栏中，勾选【翻转法线】。此时，从透视图中即可观察到窗帘的三维效果。

（7）将窗帘移到窗户的位置。

 # 习题与实训

一、填空题

1．【线】命令可以创建_____、_____和任意形状的二维图形。

2．绘制矩形时，按住_____键，将得到正方形。

3．二维图形的子对象包括_____、_____和_____。

4．顶点的类型有_____、_____、_____和_____4种。

5．使用_____编辑修改器可以访问和编辑二维图形的子对象。

6．【车削】修改器的作用是_____。

7．放样变形的工具有_____、_____、_____、_____和_____。

二、简答题

1．简述创建曲线的方法。

2．简述创建放样对象的操作步骤。

3．如何在放样路径上放置多个截面图形？

4．将二维图形转变为三维模型的途径主要有哪些？

三、上机操作

使用本章所学的知识，制作一条蛇的造型，如图3-75所示（具体效果可参见本书配套光盘上"实训"文件夹中的文件"实训3-3.max"）。

图3-75　蛇的造型

第 4 章　模型的修改

内容导读

很多时候，由几何体构造出来的三维模型或直接由二维图形得到的三维模型，并不能完全满足造型要求，这时，就需要对三维模型做进一步的修改和加工，从而得到更为复杂、更为精致的三维造型。

3ds Max 2009 提供了许多现成的编辑修改器，使用这些编辑修改器，可以让非常简单的三维模型发生令人吃惊的变化。本章将通过 3 个具体的造型实例，重点介绍几种常用的编辑修改器及其有关参数。

知识要点

① 【修改】命令面板的使用方法。
② 选择修改器的方法。
③ 常用修改器的功能及其有关参数。
④ 修改器堆栈的应用。

任务一览

任务 9：奇特造型的茶壶——使用【噪波】修改器
任务 10：靠垫——使用 FFD 修改器
任务 11：高跟鞋——使用【编辑网格】修改器

4.1 任务9：奇特造型的茶壶——使用【噪波】修改器

4.1.1 预备知识：使用修改器

1.【修改】命令面板

3ds Max 提供了大量的用于改变模型几何形状和属性的修改器。可以在【修改】命令面板的【修改器列表】中选择需要的修改器。选择想要修改的模型后，单击命令面板上方的 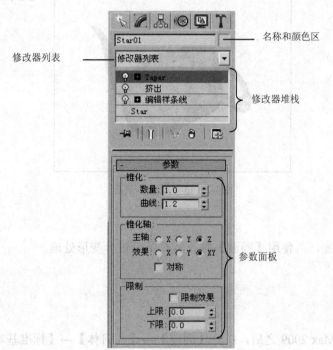 按钮，即可打开【修改】命令面板，如图 4-1 所示。【修改】命令面板主要由 4 个部分组成，即：名称和颜色区、修改器列表、修改器堆栈和参数面板。其中，参数面板的具体内容由当前所选编辑修改器决定。

图4-1 【修改】命令面板

2. 从【修改器列表】中选择修改器

单击【修改器列表】右侧的下拉按钮可以展开修改器列表，其中列出了"选择修改器"、"世界空间修改器"、"对象空间修改器"等几大类修改器。每个修改器都有自己的参数集合，通过参数的设置来达到修改模型的目的。

一个模型可以被应用多个修改器。

3. 从【修改器】菜单中选择修改器

通过【修改器】菜单也能选择常用的修改器，如：在【修改器】→【参数化变形器】菜单中，可以找到弯曲、锥化等修改器。

4.1.2　任务实施

任务目标

① 基本掌握【噪波】修改器的使用方法。

② 理解修改器堆栈的作用，掌握修改器堆栈的操作方法。

任务描述

本任务将使用噪波修改器对一个茶壶进行变形处理，如图 4-2 所示。具体效果请参见本书配套光盘上"任务相关文档"文件夹中的文件"任务 9.max"。

图4-2　造型奇特的茶壶

制作思路

先创建一个茶壶，再使用【噪波】修改器对茶壶进行变形处理。

操作步骤

1．创建茶壶

（1）启动 3ds Max 2009 之后，打开【创建】→【几何体】→【标准基本体】命令面板，使用【茶壶】命令在顶视图中创建一个茶壶。

（2）设置茶壶半径为 30，分段为 10。

2．使用【噪波】修改器

（1）确定茶壶为选定状态。单击命令面板上方的 ▨ 按钮打开【修改】面板。在【修改器列表】中选择【噪波】。

（2）在【参数】卷展栏中，设置【强度】栏中的 X、Y、Z 值分别为 80、80、100，这时茶壶的变形效果如图 4-3 所示。

（3）在【参数】卷展栏中，设置【噪波】栏中的【比例】值为 60，这时茶壶的变形效果如图 4-4 所示。

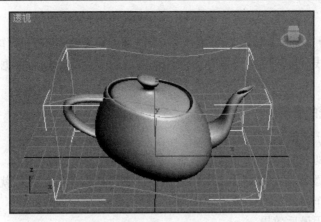

图4-3　茶壶的变形效果（一）

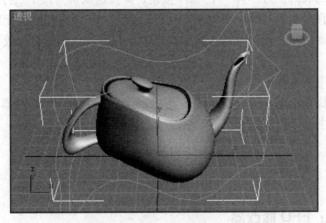

图4-4　茶壶的变形效果（二）

4.1.3　知识链接：修改器堆栈

　　修改器堆栈是 3ds Max 2009 中强大的修改工具，灵活运用修改器堆栈可以使每一步修改操作变得轻松自如。

1. 修改器堆栈的构成

　　【修改】命令面板的修改器堆栈列表中，显示了所选对象从创建到修改所使用过的所有命令。如果一个三维模型是通过使用若干修改器而得到的，那么，原始的创建命令及所有修改器命令都会按照使用顺序排列在修改器堆栈列表中。最先使用的命令位于堆栈底部，最后使用的命令位于堆栈的顶部。

　　例如，从如图 4-5 所示的修改器堆栈列表中可以看出，名为"Star01"的三维模型经过了以下创建和修改步骤：

　　（1）使用【Star】命令创建星形二维图形。

　　（2）使用【编辑样条线】修改器对星形进行编辑操作。

　　（3）使用【挤出】修改器将第（2）步得到的二维图形转化

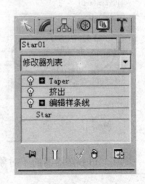

图4-5　修改器堆栈列表

成三维模型。

（4）使用 Taper（锥化）修改器对第（3）步得到的模型进行锥化操作。

通过修改器堆栈，可以回到前面使用过的创建或修改命令，然后根据需要重新设置该命令的有关参数。

2．修改器堆栈的常用操作

（1）激活或停止修改器产生的效果

在修改器堆栈列表显示的每个修改器命令前面，都有一个 ⑨ 图标，单击该图标使之变成 ⑨ 后，当前修改器命令对物体产生的效果就会被暂时取消，这样你就能迅速知道，如果没有当前修改器的作用，三维体会是什么样子。

（2）显示或关闭最后效果

在修改器堆栈列表的下方，有一个 ⚟ 按钮，该按钮默认为按下，打开状态，这时，对象呈现出堆栈中所有命令的共同作用效果，即最后效果。当该按钮被关闭时，则只显示出对象到堆栈当前修改器命令的变化效果，而当前修改器命令以上的所有修改器命令的作用暂时被取消。

（3）删除堆栈中的修改器命令

单击修改器堆栈列表下方的 ⚟ 按钮，可以删除堆栈中的当前修改器命令，以彻底取消该修改器对模型产生的作用。

4.2　任务10：靠垫——使用FFD修改器

4.2.1　预备知识：FFD 修改器

FFD（自由变形）修改器可以对模型进行自由变形。FFD 修改器系列中共有 5 个修改器，分别是：FFD2×2×2、FFD3×3×3、FFD4×4×4、FFD（长方体）、FFD（圆柱体）。其中，前 3 个 FFD 修改器的控制点数目是固定的，后两个 FFD 修改器的控制点数目则可以自行设置。

每种 FFD 修改器都有 3 个子对象，如图 4-6 所示。

控制点　在此子对象层级可以对控制点进行操作，通过调整控制点的位置来改变模型的形状。

晶格　在此子对象层级，可以对晶格框进行移动、旋转或缩放操作。

设置体积　在此子对象层级，控制点变为绿色，可以选择并操作控制点而不影响模型的形状。

图4-6　FFD修改器的子对象

4.2.2　任务实施

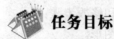

任务目标

掌握 FFD 自由变形修改器的使用方法。

任务描述

本任务将利用 FFD 修改器，制作如图 4-7 所示的靠垫。具体效果请参见本书配套光盘上"任务相关文档"文件夹中的文件"任务 10.max"。

图4-7　靠垫

 制作思路

先创建一个切角长方体，再对切角长方体使用 FFD 修改器，通过调整 FFD 修改器的控制点，将切角长方体修改成靠垫造型。

 操作步骤

1. 创建切角长方体

（1）启动 3ds Max 2009 后，打开【创建】→【几何体】→【扩展基本体】命令面板。使用【切角长方体】命令在前视图中创建一个切角长方体。

（2）在【参数】卷展栏中，设置长、宽、高分别为 60、60、15，圆角为 3，长度分段和宽度分段均为 10，圆角分段为 4，如图 4-8 所示。

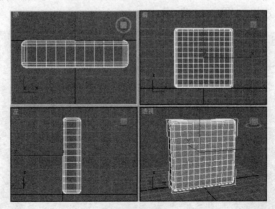

图4-8　切角长方体

2. 应用 FFD 修改器

（1）确认切角长方体被选择，单击命令面板上方的 按钮打开【修改】面板。在【修改器列表】中选择【FFD（长方体）】修改器。这时切角长方体上即出现了一个橙色晶格框。

（2）设置控制点的数目。在命令面板的【FFD 参数】卷展栏中，单击【设置点数】按钮，弹出如图 4-9 所示的对话框。在对话框中将【长度】和【宽度】的值都设置为 6。这时从视图中可以看到，FFD 修改器的橙色晶格框在长度和宽度方向上的控制点由原来的 4 层变成了 6 层，修改器堆栈中的"FFD（长方体）4×4×4"也变成了"FFD（长方体）6×6×4"。

（3）编辑控制点。在修改器堆栈中，单击"FFD（长方体）6×6×4"前面的【+】号，展开 FFD 修改器的子对象分支。选择其中的【控制点】，然后按住 Shift 键，在前视图中拖选最外层的一圈控制点。

（4）单击工具栏中的 ◻ 按钮，在顶视图中沿 Y 轴向内缩进刚才选定的最外一层控制点，效果如图 4-10 所示。

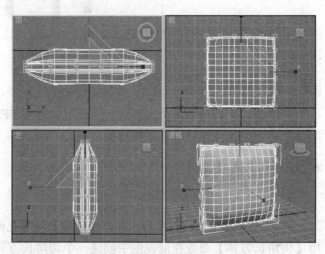

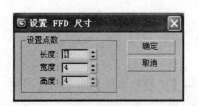

图4-9　【设置FFD尺寸】对话框　　　　　　　　图4-10　向内缩进最外一层控制点

（5）在前视图中拖选中间的四个控制点，然后单击工具栏中的 ◻ 按钮，在顶视图中沿 Y 轴放大所选控制点，效果如图 4-11 所示。

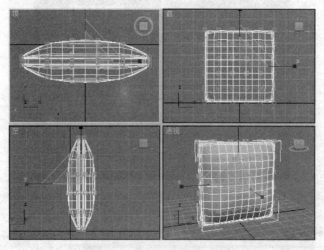

图4-11　放大中间四个控制点

（6）渲染透视图后，发现靠垫上有 4 处凸起显得不太自然。选择这 4 个位置的控制点并将其适当向内缩进。

（7）继续用缩放控制点的方法调整控制点的位置，使靠垫边缘的控制点产生一定的弧度，如图 4-12 所示。

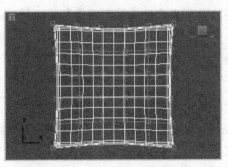

图4-12　调整边缘的控制点

（8）将本书配套光盘上"场景"文件夹中的文件"场景 4-1.max"中的椅子模型合并到当前场景中，并将靠垫适当缩小后移放到椅子上。

4.2.3　知识链接：常用编辑修改器

3ds Max 2009 提供了大量的编辑修改器，在前面的"任务 9"和"任务 10"中，只使用了其中的【噪波】和 FFD（自由变形）两种修改器。下面，再对其他的几个常用编辑修改器及其参数做简单介绍。

1．弯曲

【弯曲】修改器可以使对象围绕 X、Y、Z 轴进行弯曲，并且可以在任意轴上控制弯曲的角度和方向。【弯曲】修改器既可以使几何体产生均匀弯曲，也可以对几何体的某一段进行限制弯曲。如图 4-13 所示是使用【弯曲】修改器对长方体进行弯曲的效果。

　　三维模型在弯曲轴向上的分段数会影响弯曲的平滑程度。分段数越大，弯曲的表面曲线就越平滑。

【弯曲】修改器的参数如图 4-14 所示。

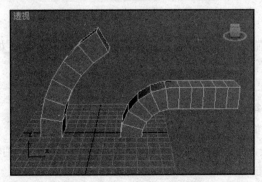

图4-13　长方体弯曲后的效果

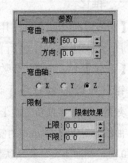

图4-14　【弯曲】修改器的参数

弯曲 该参数栏用于设置对象的弯曲角度和弯曲方向，其中包含以下两个参数：

角度 设置弯曲的角度。

方向 设置弯曲的方向。

弯曲轴 该参数栏指定弯曲的轴向，默认为 Z 轴。

限制 设置弯曲的界限。只有当选择【限制效果】复选框时，在该参数栏中设置的弯曲界限才生效。

上限 设置弯曲的上限。

下限 设置弯曲的下限。

2．扭曲

【扭曲】修改器的作用是使三维模型发生扭转，以产生类似螺旋状的效果。如图 4-15 所示是一个四棱锥扭曲后的效果。

【扭曲】修改器的参数如图 4-16 所示。

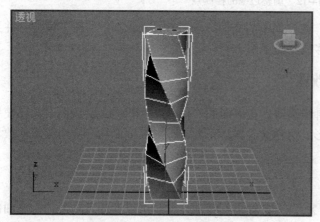

图4-15 四棱锥扭曲后的效果

图4-16 【扭曲】修改器的参数

扭曲 此参数栏用于设置扭曲程度。其中包含以下两个参数：

角度 设置三维模型的扭曲角度。

偏移 设置扭曲中心的偏移距离，取值范围为-100～100。

扭曲轴 设置发生扭曲的轴向。

限制 设置扭曲的上限和下限。

3．锥化

【锥化】修改器的作用是对三维模型的端部进行缩放，从而产生一个锥形的外观。如图 4-17 所示是对长方体进行的几种锥化效果。

【锥化】修改器的参数如图 4-18 所示。

锥化 此参数栏用于设置锥化的程度和锥化的曲线度。其中包含以下两个参数：

数量 设置正或负方向上的锥化程度，其最大值为 10。

曲线 对锥化 Gizmo 的侧面应用曲率。正值会沿着锥化侧面产生向外的曲线，负值产生向内的曲线。值为 0 时，侧面不变。其默认值为 0。

锥化轴 设置锥化的轴向。

主轴　设置锥化的中心轴。

效果　设置主轴之外的其余坐标轴对锥化的影响。

限制　设置锥化的上限和下限。

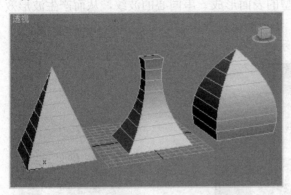

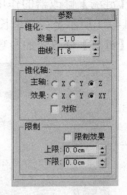

图4-17　对长方体锥化后的效果　　　　　　图4-18　"锥化"修改器的参数

4．噪波

【噪波】修改器可以使对象表面产生起伏不平的效果，常用来制作复杂的地形、地面，也可以利用噪波修改器的动画参数，制作飘动的旗帜等动画效果。如图 4-19 所示是对平面应用噪波修改器制作的山脉。

【噪波】修改器的参数如图 4-20 所示。

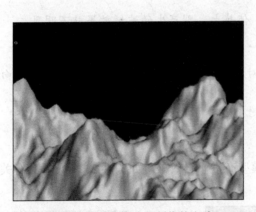

图4-19　使用噪波修改器制作的山脉　　　　图4-20　【噪波】修改器的参数

噪波　此参数栏用于设置噪波模式，其中包含以下几个参数：

种子　设置产生噪波的随机数生成器，"种子"的值不同，噪波的模式也就不一样。

比例　设置噪波的缩放比例。"比例"值越大，噪波就越粗大，反之，"比例"值越小，产生的噪波就越细小。

分形　产生分形干扰，该选项可以在噪波的基础上再生成不规则的复杂外形。当该选项被激活后，就可以设置控制噪波总体粗糙度的【粗糙度】参数和控制噪波精度的【迭代次数】参数。

强度　设置 3 个轴向上的噪波强度。

动画　设置噪波的动态效果。当选择该参数栏中的【动画噪波】复选框后，即可自动产生三维体的表面变形动画效果，而变形动画的速度则由其中的【频率】参数决定。

5．涟漪

【涟漪】修改器的作用是在三维模型的表面形成一串同心的波纹，从而产生波形效果。如图 4-21 所示是在一个长方体的基础上形成的波纹效果。

【涟漪】修改器的参数如图 4-22 所示。

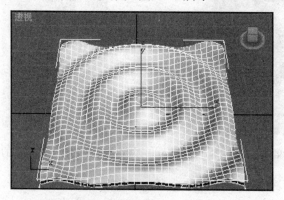

图4-21　在长方体的基础上形成的波纹效果

图4-22　【涟漪】修改器的参数

振幅 1、振幅 2　设置波纹的振幅。

波长　设置波峰间的距离。

相位　设置波纹的相位。当【相位】值为正值时，波纹向内移动；当【相位】值为负值时，波纹向外移动。

衰退　设置波纹的衰减效果。【衰退】值越大，则产生的波纹效果就不明显。

> 要想使产生的波纹效果平滑美观，则必须对应用【涟漪】修改器的三维体在产生波纹的方向上设置一定的分段数，而且分段数不能太小。

6．倾斜

【倾斜】修改器的作用是对一个三维模型产生倾斜效果，如图 4-23 所示，其有关参数如图 4-24。

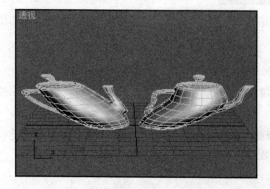

图4-23　茶壶的倾斜效果

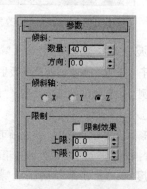

图4-24　【倾斜】修改器的参数

倾斜　设置倾斜效果。其中包含以下两项参数:

数量　设置倾斜的程度。

方向　设置相对于水平面的倾斜方向。

倾斜轴　设置倾斜轴。

限制　设置产生倾斜的上限和下限。

7. 球形化

【球形化】修改器的作用是将三维模型变成球形外观。该修改器只有一个参数【百分比】,用于设置球形化的百分比值,如图 4-25 所示。

如图 4-26 所示是对茶壶应用【球形化】修改器的效果,其中,【百分比】值为 60。

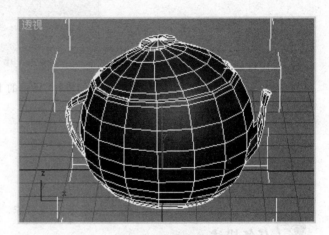

图4-25　【球形化】修改器的参数　　　　　　　　　　图4-26　茶壶的球形化

4.3　任务11:高跟鞋——使用【编辑网格】修改器

4.3.1　预备知识:三维模型的子对象

除了可以对整个三维模型应用编辑修改器之外,还可以对构成三维模型的顶点、面、元素等子对象进行编辑操作。三维模型的子对象包括 5 个层级,即:顶点、边、面、多边形和元素。通过对子对象的编辑操作,可以制作出非常复杂的三维造型。

3ds Max 2009 提供了不少能够访问子对象的修改工具,【编辑网格】即是一种功能强大的子对象修改工具。

在【修改】命令面板中对三维模型应用了【编辑网格】修改器后,可以在【选择】卷展栏中找到编辑子对象的 5 个按钮,如图 4-27 所示。单击其中一个按钮后,即可对该子对象进行选择和编辑操作,如在视图中可以移动、缩放、旋转子对象。

也可以在修改器堆栈列表中,单击"编辑网格"前面的"+"号,这时 5 种子对象名称会出现在展开的分支中。

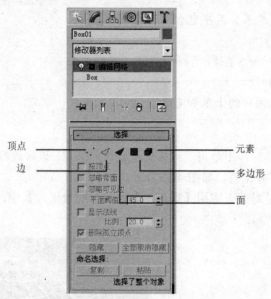

图4-27　【编辑网格】修改器的【选择】卷展栏

4.3.2　任务实施

　任务目标

① 掌握【编辑网格】修改器的使用方法。

② 能够通过编辑三维模型的子对象来修改对象。

　任务描述

本任务将使用 3ds Max 2009 提供的子对象修改工具【编辑网格】修改器，制作一个如图 4-28 所示的高跟鞋。具体效果请参见本书配套光盘上"任务相关文档"文件夹中的文件"任务 11.max"。

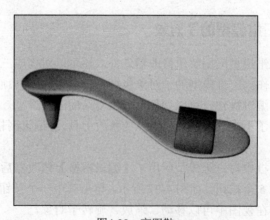

图4-28　高跟鞋

　制作思路

① 先创建一个多分段的长方体，再对长方体使用【编辑网格】修改器，通过调整长方

体的顶点，将长方体调整成鞋底的轮廓形状，

②　通过挤出多边形生成鞋跟。

③　使用【网格平滑】修改器来平滑模型。

④　鞋面的制作则可通过对长方体进行弯曲来实现。

 操作步骤

1．制作鞋底

（1）启动 3ds Max 2009 之后，在【创建】→【几何体】命令面板中使用【长方体】命令，在顶视图中创建一个长方体。设置长度、宽度、高度分别为 60、180、6，长度分段、宽度分段分别为 2、8。

（2）确定长方体为选定状态，打开【修改】命令面板，在修改器列表中选择【编辑网格】，其相关参数卷展栏即在命令面板中显示出来。

（3）将长方体调整成鞋底的轮廓形状。在【选择】卷展栏中按下 ⬚ 按钮进入顶点编辑状态。参照图 4-29 所示，使用移动顶点、缩放顶点等方式，在顶视图中将长方体调整成鞋底的轮廓形状。

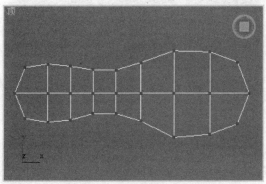

图4-29　鞋底的轮廓（一）

（4）参照图 4-30 所示，在前视图中使用移动顶点的方式，调整鞋底的形状。

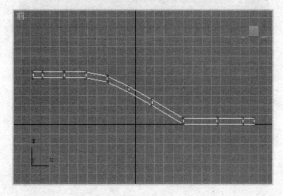

图4-30　鞋底的轮廓（二）

（5）产生鞋掌中间的凹槽。在顶视图中选择鞋掌中间的一排顶点，然后在前视图中将所选顶点适当下移。

2．制作鞋跟

（1）在【选择】卷展栏中按下■按钮进入多边形编辑状态，在透视图中选择如图 4-31 所示的 4 个多边形，然后在【编辑几何体】卷展栏中，按下【挤出】命令按钮，再把光标移到所选多边形处向上拖动鼠标，挤出所选多边形，如图 4-32 所示，将挤出的多边形适当缩小。

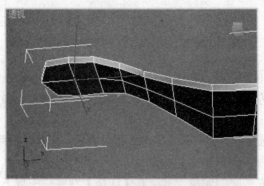

图4-31　选择用于挤出鞋跟的多边形

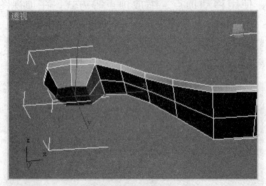

图4-32　挤出鞋跟（一）

（2）继续使用【挤出】命令，挤出鞋跟的下半截，如图 4-33 所示。

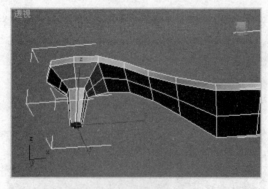

图4-33　挤出鞋跟（二）

3．平滑模型

（1）在命令面板的修改器堆栈中，单击"编辑网格"，结束子对象的编辑状态。

（2）在【修改】命令面板的【修改器列表】中，选择【网格平滑】修改器，并将【迭代次数】参数的值设置为 2，效果如图 4-34 所示。

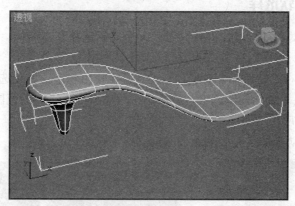

图4-34 使用【网格平滑】修改器的结果

　　使用【网格平滑】修改器可以平滑网格模型，从而使三维模型变得更加精细。【网格平滑】修改器的【迭代次数】参数值越大，平滑效果越好。但要注意的是，不能将【迭代次数】的值设得太大，否则会因模型复杂度的迅速增加而影响系统的运行速度。

4．制作鞋面

（1）创建长方体。打开【创建】→【几何体】命令面板，使用【长方体】命令，在顶视图中创建一个长方体。设置长度、宽度、高度分别为 120，50，1，长度分段、宽度分段分别为 10，1。

（2）弯曲长方体。确定长方体为选定状态，打开【修改】面板，选择【弯曲】命令，在【参数】卷展栏中，将【角度】设置为-140，并设置【弯曲轴】为 Y 轴，最后将【方向】设置为 90。

（3）平滑模型。在【修改】命令面板的【修改器列表】中，选择【网格平滑】修改器，并将【迭代次数】参数的值设置为 2。

（4）将制作好的鞋面移到高跟鞋上相应的位置，如图 4-35 所示。

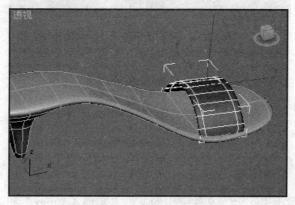

图4-35 完成后的高跟鞋

4.3.3 知识链接：软选择

所有能够访问子对象的修改工具中，都有一个【软选择】卷展栏，利用该卷展栏的有关参数，可以使对当前所选子对象的编辑操作影响到其周围的子对象。

如图 4-36 所示，在【软选择】卷展栏中勾选了【使用软选择】复选框后，即可激活该卷展栏中的参数。其中，【衰减】值越大，则所选子对象周围受影响的范围就越大。

如图 4-37 所示是应用"软选择"之前，选择并向上移动长方体上一个顶点的效果。可以看出，对该顶点的移动操作没有影响到周围的其他顶点。

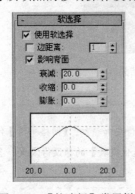
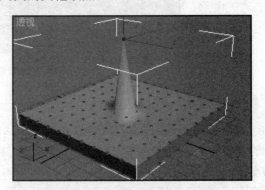

图4-36　【软选择】卷展栏　　　　　图4-37　没有应用"软选择"的效果

如图 4-38 所示是应用了"软选择"之后，再选择并移动顶点的效果。

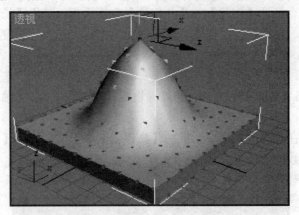

图4-38　应用了"软选择"的效果

4.4　拓展训练

4.4.1　波纹动画

　训练内容

参照本书配套光盘上"实训"文件夹中的文件"实训 4-1.max"和"实训 4-1.avi"，制作

波纹动画。其静态效果图如图 4-39 所示。

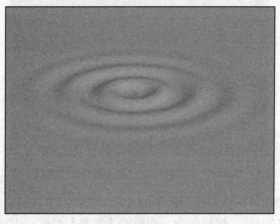

图4-39 波纹静态效果

 训练重点

① 使用【涟漪】修改器生成波纹效果。

② 通过修改器参数的变化制作动画。

③ 对子对象层级应用修改器。

 操作提示

（1）使用【创建】→【几何体】命令面板中的【长方体】命令，在顶视图中创建一个长方体，设置长度、宽度、高度分别为 200，200，8，长度分段、宽度分段均为 70。

（2）选择要设置波纹效果的子对象。打开【修改】命令面板，对长方体应用【编辑网格】修改器，进入顶点子对象层级，然后在【软选择】卷展栏中勾选【使用软选择】，并设置【衰减】为 50。最后在顶视图中选择长方体中间部分的顶点，如图 4-40 所示。

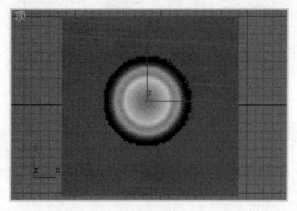

图4-40 选择长方体中间部分的顶点

（3）对所选顶点应用修改器。在【修改器列表】中选择【涟漪】，在【参数】卷展栏中设置振幅 1 和振幅 2 均为 1，设置波长为 12，效果如图 4-41 所示。

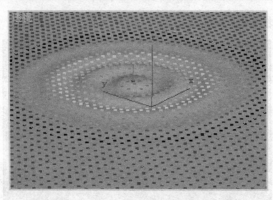

图4-41　对所选顶点应用【涟漪】修改器

（4）设置波纹动画。单击动画控制区中的【自动关键点】按钮，进入动画录制状态。向右拖动时间滑块到第 100 帧，然后在命令面板的【参数】卷展栏中将【相位】设置为-1.5。最后单击【自动关键点】按钮，使之恢复成灰色，结束动画的录制。

（5）激活透视图，再单击屏幕右下方的 ▶ 按钮预览动画效果。

（6）单击工具栏上的【渲染场景对话框】按钮 🖳，在弹出的对话框中设置相关选项并渲染动画。

（7）选择【文件】→【查看图像文件】菜单，打开动画文件观看动画。

4.4.2　足球建模

 训练内容

参照本书配套光盘上"实训"文件夹中的文件"实训 4-2.max"，制作一个足球模型，其渲染效果如图 4-42 所示。

图4-42　足球模型

 训练重点

① 使用【编辑网格】修改器编辑三维模型的子对象。

② 使用修改器堆栈。

操作提示

（1）制作足球初始造型。启动 3ds Max 2009 之后，打开【创建】→【几何体】→【扩展基本体】命令面板，使用【异面体】命令，在顶视图中创建一个异面体。在【参数】卷展栏中设置【系列】为"十二面体/二十面体"，在【系列参数】栏中设置 P 值为 0.35，设置【半径】为 50，效果如图 4-43 所示。

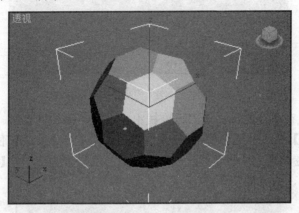

图4-43 足球初始造型

（2）编辑异面体。确认异面体为选定状态，打开【修改】命令面板，选择【编辑网格】修改器后，在【选择】卷展栏中按下 ■ 按钮，进入"多边形"子对象编辑层级。

（3）在视图中拖选整个异面体，使异面体上的所有多边形均呈红色显示。

（4）在【编辑几何体】卷展栏中，单击【炸开】按钮下面的"元素"，然后再单击【炸开】按钮，使所选多边形炸开成一个个独立的元素。

（5）在【编辑几何体】卷展栏中，在【挤出】按钮右边的文本框中输入"2"，效果如图 4-44 所示。

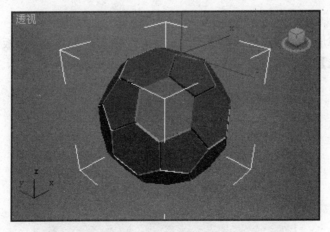

图4-44 所选多边形的挤出效果

（6）单击工具栏中的 ■ 按钮后，将挤出的多边形缩小到原来的 90%（可以从屏幕底部的状态栏中观察到缩放比例），效果如图 4-45 所示。

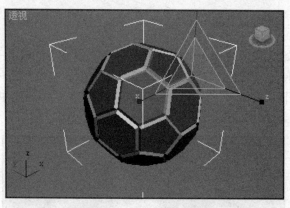

图4-45　缩小所选多边形

（7）平滑模型。在命令面板的修改器堆栈中，单击"编辑网格"，结束子对象的编辑状态。在【修改器列表】中，选择【网格平滑】修改器。在【细分方法】下拉列表中，选择"经典"。在【细分量】卷展栏中，将【迭代次数】参数的值设置为2。在【参数】卷展栏中，将【强度】值设置为0.3，效果如图 4-46 所示。

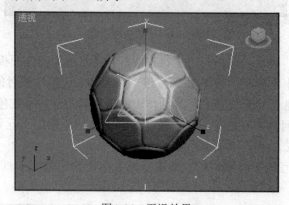

图4-46　平滑效果

（8）将模型球形化。确定足球模型为选定状态，在【修改】命令面板的【修改器列表】中，选择【球形化】修改器，设置【百分比】为90，效果如图 4-47 所示。

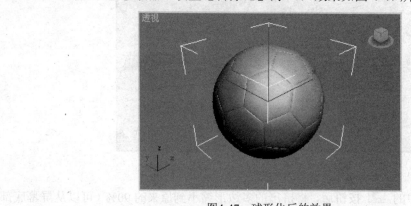

图4-47　球形化后的效果

至此，一个足球模型就制作完成了。在后面的"第 5 章"中，学习完材质编辑后，就知道如何为足球指定黑白两种不同的颜色了。

 习题与实训

一、填空题

1．三维模型的编辑修改应在_____命令面板中进行。

2．【修改】命令面板主要由_____、_____、_____和_____4 个部分组成。

3．列出 4 种常用的修改器：_____、_____、_____、_____。

4．【锥化】修改器的作用是_____。

5．【噪波】修改器的作用是_____。

6．如果想弯曲一个模型，则可对该模型应用_____修改器。

7．在修改器堆栈列表中，位于堆栈底部的命令是_____。

8．位于修改器堆栈下方的 按钮的作用是_____。

9．三维模型有 5 个子对象层级，即：_____、_____、_____、_____、_____。

二、简答题

1．可以对一个模型使用多个修改器吗？

2．修改器堆栈的作用是什么？

3．如何用【编辑网格】修改器来编辑三维模型的顶点、边或面？

4．使用【弯曲】修改器弯曲一个模型时，影响弯曲平滑程度的因素是什么？

三、上机操作

参照图 4-48 所示，使用【噪波】修改器制作红旗飘扬的动画（动画效果可参见本书配套光盘上"实训"文件夹中的文件"实训 4-3.max"和"实训 4-3.avi"）。

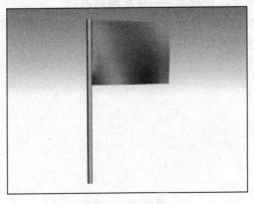

图4-48　飘扬的红旗

第5章 材质和贴图

内容导读

在前面的几章中，学会了建模的基本方法。不过，要使一个物体呈现出逼真的视觉效果，除了建模之外，还需要为其指定材质。

本章重点介绍利用 3ds Max 2009 的材质和贴图编辑功能，使模型具有色彩、纹理、光亮、反射、折射、透明、表面粗糙等逼真的质感。本章将通过几个实例，具体介绍材质编辑器的功能和基本使用方法。

知识要点

① 材质编辑器。
② 基本材质的编辑。
③ 常用贴图类型及贴图材质的编辑。
④ 常用复合材质的制作。

任务一览

任务 12：为高跟鞋指定材质——材质基本参数
任务 13：制作木纹和青花瓷材质——漫反射贴图
任务 14：有浮雕图案的烟灰缸和光亮的桌面——凹凸贴图和反射贴图
任务 15：内外不同图案的杯子——双面材质

5.1　任务12：为高跟鞋指定材质——材质基本参数

5.1.1　预备知识：材质编辑器

材质编辑器提供了创建及编辑材质和贴图的功能。有以下 3 种方法可以打开材质编辑器：

（1）单击工具栏中的【材质编辑器】按钮 ，即可打开材质编辑器。

（2）选择【渲染】→【材质编辑器】菜单，即可打开材质编辑器。

（3）按下 M 键可快速打开材质编辑器。

材质编辑器如图 5-1 所示，其中主要包含了菜单栏、示例窗、垂直工具栏、水平工具栏和参数卷展栏几个部分。

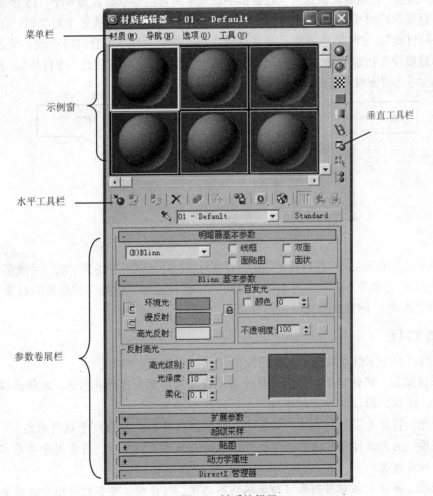

图5-1　材质编辑器

1．菜单栏

菜单栏位于材质编辑器窗口的顶部。它提供了另一种调用各种材质编辑器工具的方式，其中的命令与材质编辑器工具栏中的各个工具按钮是对应的。

2．示例窗

使用示例窗可以保持及预览材质和贴图。以下是有关示例窗的常用操作：

（1）将示例窗中的材质赋予场景中的对象。最简单的方法是直接将材质从示例窗拖动到视图中的对象上。

（2）放大示例窗。放大示例窗可以使材质的预览更加方便，要做到这点，可以双击示例窗，这样示例窗就单独显示在一个独立的可以任意缩放的窗口中。

（3）改变示例的形状。在默认状态下示例显示为球体，使用垂直工具栏中的"采样类型"按钮，还可将示例设置为圆柱体或长方体。

（4）设置示例窗的显示数目。材质编辑器有 24 个示例窗，使用垂直工具栏中的"选项"按钮，可在弹出的"材质编辑器选项"对话框中设置示例窗的显示数目为 6 个、15 个或 24 个。

（5）热材质和冷材质。当示例窗中的材质指定给场景中的一个或多个对象时，示例窗中的材质是"热材质"，这时如果调整示例窗材质，则场景中的材质也会同时更改。反之，如果示例窗中的材质没有指定给场景中的任何对象，则该示例窗中的材质是"冷材质"。示例窗的 4 个拐角标志可表明该材质是热材质还是冷材质，如图 5-2 所示。

图5-2　热材质和冷材质标志

① 白色空心三角形：表示该材质是热的，即该材质已经指定给了场景中的一个或多个对象。

② 白色实心三角形：表示该材质不仅是热的，而且已经应用到当前选定的对象上。

③ 没有三角形：场景中没有使用该材质。

3．垂直工具栏

垂直工具栏位于示例窗右侧，其中常用的工具按钮如下：

采样类型　该弹出按钮可以选择要显示在活动示例窗中的几何体。此弹出按钮有三个按钮可选：球体、圆柱体和立方体。

背光　将背光添加到活动示例窗中。默认情况下，此按钮处于启用状态。

背景　启用该按钮可将彩色方格背景添加到活动示例窗中。通常用于查看不透明度和透明度的材质效果。

选项　单击此按钮可打开"材质编辑器选项"对话框，可在对话框中设置如何在示例窗中显示材质和贴图。

材质/贴图导航器　单击此按钮可打开"材质/贴图导航器"对话框，可以通过材质中贴图的层次或复合材质中子材质的层次快速导航。

4．水平工具栏

水平工具栏位于示例窗的下面，其中常用的工具按钮如下。

 获取材质　单击该按钮可打开"材质/贴图浏览器"对话框，利用它可以选择材质或贴图。

 将材质指定给选定对象　可将活动示例窗中的材质应用于场景中当前选定的对象。同时，示例窗中的材质将成为热材质。

✖ **重置贴图/材质为默认设置**　重置活动示例窗中的贴图或材质的值。移除材质颜色并设置灰色阴影。将光泽度、不透明度等重置为其默认值，并移除指定给材质的贴图。

💾 **放入库**　可以将选定的材质添加到当前库中。单击该按钮后将显示"入库"对话框，可在对话框中设置材质的名称。

🌐 **在视口中显示贴图**　按下该按钮可以在视图中显示对象表面的贴图材质。

🔼 **转到父对象**　使用该按钮可以在当前材质中向上移动一个层级。只有在当前材质不为复合材质的顶级时，该按钮才可使用。

5．参数卷展栏

材质编辑器中的参数卷展栏，其个数及具体内容会随着所选材质类型的不同而发生变化。

5.1.2　任务实施

任务目标

① 认识材质编辑器的功能，掌握材质编辑器的基本使用方法。

② 能够编辑和制作各种基本材质。

任务描述

在前面"第 4 章"的"任务 11"中曾制作过一个高跟鞋模型，本任务通过设置材质的颜色、反射高光、不透明度等基本参数，为这个高跟鞋赋上色彩，并使其鞋面具有半透明质感。具体效果请参见本书配套光盘上"任务相关文档"文件夹中的文件"任务 12.max"，其渲染效果如图 5-3 所示。

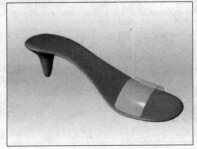

图5-3　高跟鞋的渲染效果

 制作思路

本任务要制作的是彩色陶瓷材质，材质的色彩可以通过在材质编辑器中设置漫反射颜色来实现，而陶瓷质感的一个重要特色是具有光亮的表面，这可以通过在材质编辑器中设置反射高光来实现。

① 高跟鞋的颜色可以通过在材质编辑器中设置漫反射颜色来实现。

② 鞋面的半透明效果可以通过设置不透明度参数来实现。

 操作步骤

1. 设置鞋底的材质

（1）启动 3ds Max 2009 之后，打开本书配套光盘上"场景"文件夹中的文件"场景 5-1.max"，该场景中有一个已经制作好了的高跟鞋模型，如图 5-4 所示。

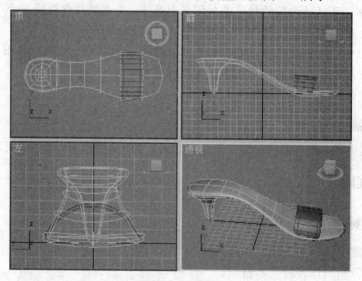

图5-4　高跟鞋模型

（2）在任一视图中单击选择高跟鞋的鞋底，然后单击工具栏中的 ![按钮] 按钮或直接按 M 键，打开材质编辑器。

（3）设置颜色。材质编辑器的第一个示例球被选定，在【Blinn 基本参数】卷展栏中，单击【漫反射】右边的颜色块，弹出如图 5-5 所示的【颜色选择器】对话框。

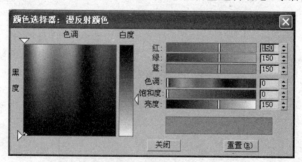

图5-5　【颜色选择器】对话框

（4）把光标移到调色板内的红色区域顶部，单击鼠标左键后，可以看到当前示例窗口中的示例球变成了红色。再向上拖动【白度】颜色条右边的三角形滑块到最顶部，这时当前示例窗口中示例球的红色加深了。最后单击【关闭】按钮关闭【颜色选择器】对话框。

（5）单击材质编辑器水平工具栏中的 按钮，将当前示例球的材质指定给场景中选定的鞋底。从透视图中可以看到高跟鞋的鞋底变成了与当前示例球相同的红色。

（6）渲染透视图，效果如图 5-6 所示。

（7）设置反射高光。在材质编辑器的【Blinn 基本参数】卷展栏中，将【高光级别】的值设置为 90，【光泽度】的值设置为 40。这时，可以看到当前示例球变得光亮了。再次渲染透视图，效果如图 5-7 所示。

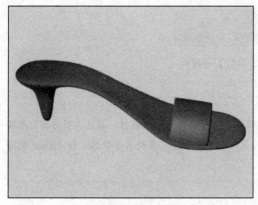

图5-6　设置了颜色的鞋底

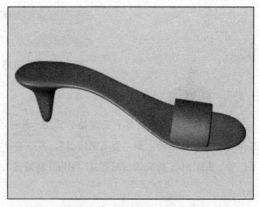

图5-7　设置了高光级别和光泽度后的效果

2．设置鞋面的材质

（1）在任一视图中选择鞋面，在材质编辑器中单击选择第二个示例球，然后单击材质编辑器水平工具栏中的 按钮，将当前示例球的材质指定给鞋面。

（2）在材质编辑器的【Blinn 基本参数】卷展栏中，将漫反射颜色设置为白色。

（3）将【高光级别】的值设置为 90，【光泽度】的值设置为 70。

（4）在【Blinn 基本参数】卷展栏中，将【不透明度】设置为 40。渲染透视图，效果如图 5-8 所示。

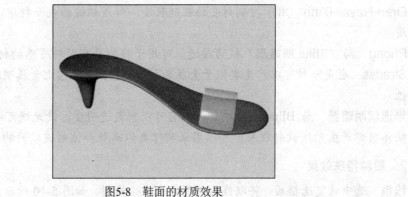

图5-8　鞋面的材质效果

将材质编辑器示例球的材质指定给场景中的模型后，透视图可以显示出材质的大致效果，但不能显示材质的一些细微特征，如一些贴图效果和反射效果等。只有在渲染之后，通过渲染图才能观察到所有的材质细节。

5.1.3　知识链接 1：【明暗器基本参数】卷展栏

　　材质编辑器中有两个基本参数卷展栏，即【明暗器基本参数】卷展栏和【Blinn 基本参数】卷展栏。其中，【明暗器基本参数】卷展栏主要用于设置明暗器类型及材质的表现方式，如图 5-9 所示。

图5-9　【明暗器基本参数】卷展栏

　　"明暗器"是一种计算表面渲染的算法，每种"明暗器"都有自身的渲染特性。某些"明暗器"是按其执行的功能命名的，如"金属明暗器"，另一些"明暗器"则是以开发人员的名字命名，如"Blinn 明暗器"等。3ds Max 的默认明暗器是"Blinn 明暗器"。

1．明暗器类型

　　Blinn 下拉列表：该下拉列表中提供了 8 种不同的"明暗器"类型。

　　各向异性　可创建拉伸并成角的高光，而不是标准的圆形高光。适合于表现具有高反差的物体表面。

　　Blinn　为系统默认的明暗器类型，一般用于控制平滑物体的高光和阴影，它可以产生柔和的圆形高光，适合于创建质地柔和的物体材质。

　　金属　该模式可以用来模拟逼真的金属表面。

　　多层　该模式可以设置两个高光和阴影，每个高光可以有不同的颜色、形状和亮度。

　　Oren-Nayar-Blinn　用于控制材质的粗糙程度，形成粗糙的表面材质，一般用于模拟布料材质。

　　Phong　与"Blinn 明暗器"较为接近，可用于模拟具有塑料质感的材质。

　　Strauss　也是一种可以产生类似于金属的材质的模式，但它比金属明暗器更灵活，更具可调性。

　　半透明明暗器　与 Blinn 模式类似，但它可以制定透明度，使光线可以从物体中穿过，并在物体内部产生光线散射效果，可以用来制作类似冰雕和蚀刻玻璃的物体材质。

2．四种特殊效果

　　线框　选中该复选框后，将以线框的形式来渲染模型，如图 5-10 所示。在材质编辑器的

【扩展参数】卷展栏中，【线框】栏的【大小】参数可设置线框的粗细。

　　双面　选中该复选框后，材质内外两面都被赋予材质。例如，一个没有加盖的茶壶，如果想看到其内侧的一面，就必须为其指定双面材质，如图 5-11 所示。

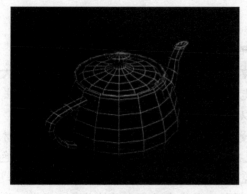

　　　　图5-10　线框材质效果　　　　　　　　　　　图5-11　双面材质效果

　　面贴图　为模型的每个面都赋予贴图，如图 5-12 所示。只有当模型被指定了贴图材质之后，勾选【面贴图】复选框才有效。常用于给粒子系统贴图。

图5-12　面贴图材质效果

　　面状　以面的方式渲染模型，材质将变成不光滑的面，如图 5-13 所示。

图5-13　面状材质效果

5.1.4　知识链接 2：【Blinn 基本参数】卷展栏

在【Blinn 基本参数】卷展栏中，可以设置颜色、反射高光、自发光、透明等基本材质参数。

1．材质颜色

【Blinn 基本参数】卷展栏中，有关材质颜色的参数有 3 项，如图 5-14 所示。

图5-14　材质的颜色参数

环境光　代表环境光的颜色，它是样本材质特有的、从四周射向材质样本的泛光源。环境光决定材质阴暗部的颜色，单击环境光右边的颜色块可以改变环境光的颜色。

漫反射　代表漫反射光的颜色。漫反射光的颜色反映材质本身的颜色。单击漫反射右边的颜色块可以设置漫反射光的颜色，而单击颜色块右边的空白方块按钮则可指定漫反射贴图。

高光反射　代表高光颜色，即材质在光源照射下所产生的高光区的颜色。同样，单击高光反射右边的颜色块可以设置高光的颜色，而单击颜色块右边的空白方块按钮则可指定高光贴图。

注意，在 3 个颜色参数的左边有两个 ⓒ 按钮，用于锁定环境光和漫反射，以及漫反射和高光反射。当该按钮处于黄色按下状态时，被锁定的两种颜色参数会保持相同的颜色。

2．反射高光

材质的反射高光可以表现材质表面的光亮程度，例如，土石材质的高光度就远远小于金属材质的高光度。

材质编辑器的【Blinn 基本参数】卷展栏中，【反射高光】栏提供了高光参数的设置，如图 5-15 所示。

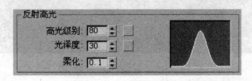

图5-15　高光参数和高光曲线

高光级别　设置高光的强度。该参数值越大，材质的反光效果就越强烈，高光曲线也就越高。当高光级别的值为 0 时，高光曲线为一条水平直线，这时材质没有反光效果。如图 5-16 所示是 3 种不同高光级别的效果对比。

高光级别=0　　　　　　高光级别=40　　　　　　高光级别=90

图5-16　不同高光级别的对比

　　光泽度　用于设置高光的范围。该参数值的大小与高光区大小成反比，光泽度值越大，高光区就越小，这时高光曲线就越尖锐。如图 5-17 所示是光泽度级别值为 60 时，3 种不同光泽度的效果对比。

光泽度=10　　　　　　　光泽度=30　　　　　　　光泽度=70

图5-17　不同光泽度的效果对比

　　柔化　用于设置高光区与非高光区的渐变过渡，柔化的值越大，渐变就越慢，高光区与非高光区的边界就越柔和。柔化的最大值为 1。

3．自发光材质

　　材质编辑器【Blinn 基本参数】卷展栏中的【自发光】参数用于设置材质的自发光效果。被赋予了自发光材质的物体，在没有任何光源的场景中也能被看见。自发光材质通常用来指定给作为光源的物体，如月亮、车灯和霓虹灯等。

　　【自发光】参数的取值范围为 0～100，当自发光的值为 0 时，材质不发光，而当自发光的值为 100 时，材质的自发光强度为最大，这时被赋予了自发光材质的物体，其表面的阴影将完全消失。

4．透明材质

　　材质编辑器的【Blinn 基本参数】卷展栏中还有一个【不透明度】参数，可以制作出类似玻璃的透明材质。

　　参数的默认值为 100，这时材质不透明。把不透明度的值设置为小于 100 时，材质就会产生透明效果。不透明度的值越小，材质就越透明。当不透明度的值为 0 时，材质完全透明，此时除了高光区可见外，材质的其他部分将会不可见。

　　在材质编辑器的示例窗口中设置透明材质时，为了观察到示例球的透明效果，通常单击示例球列表右侧工具栏中的【背景】按钮 ▨ ，使当前示例窗口显示出彩色方格背景。如图 5-18 所示是 3 种不同【不透明度】参数的效果对比。

不透明度=100　　　　　　不透明度=80　　　　　　不透明度=40

图5-18　3种不同透明度参数的效果对比

5.2 任务13：制作木纹和青花瓷材质——漫反射贴图

5.2.1 预备知识：贴图材质

贴图材质是指被赋予了图像的材质，利用贴图材质，可以模拟现实世界中物体表面的纹理图案，如木纹、大理石花纹、砖墙和各种装饰图案等。很多情况下，为了使材质更加逼真、更加生动，不仅要考虑材质的基本属性，如颜色、反光度和透明度等，还要考虑材质表面所呈现出的图像效果。

3ds Max 将贴图分为 2D 贴图、3D 贴图、合成器、颜色修改器等类型，不同类型的贴图产生不同的效果。

1．2D 贴图

2D 贴图是二维图像，通常贴图到几何对象的表面，或用作环境贴图来为场景创建背景。3ds Max 2009 提供了 7 种 2D 贴图，如图 5-19 所示。其中最简单的是位图，其他种类的 2D 贴图则是由程序生成的。

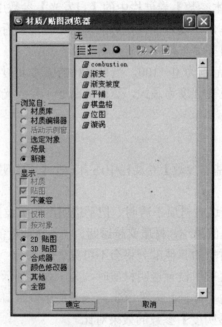

图5-19 2D 贴图

Combustion 与 Autodesk Combustion 产品配合使用，可以在位图或对象上直接绘制并且在“材质编辑器”和视图中看到效果的更新。

渐变 创建三种颜色的线性或径向坡度。如图 5-20 所示是使用渐变贴图的效果。

渐变坡度 与渐变贴图相似，但渐变坡度可以为渐变指定任何数量的颜色或贴图。如图 5-21 所示是使用渐变坡度贴图的效果。

平铺 使用颜色或材质贴图创建砖或其他平铺材质。如图 5-22 所示是使用平铺贴图创建的砖的效果。

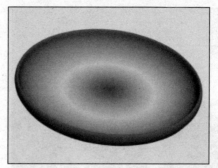

图5-20　渐变贴图

图5-21　渐变坡度贴图　　　　　　　　　　　　图5-22　平铺贴图

棋盘格　棋盘格图案由两种颜色组合，也可以通过贴图替换颜色。如图 5-23 所示是使用棋盘格贴图的效果。

图5-23　棋盘格贴图

位图　3ds Max 支持的任何图形（或动画）文件类型均可用作材质中的位图，如.jpg、.tga、.bmp 等等。如图 5-24 所示是使用位图贴图的效果。

漩涡　创建两种颜色或贴图组成的漩涡（螺旋）图案。如图 5-25 所示是使用漩涡贴图的效果。

原图形　　　　　　　　　　　　　　　　贴图效果

图5-24　位图贴图

图5-25　漩涡贴图

2．3D 贴图

3D 贴图是由程序以三维形式生成的图案，能够根据对象的几何特性紧贴对象。3ds Max 2009 提供了 15 种 3D 贴图，如图 5-26 所示。

图5-26　15种3D贴图

下面仅介绍几种较常用的 3D 贴图。

斑点　斑点贴图生成带斑点的图案，常用于创建类似花岗岩表面的材质。如图 5-27 所示是使用斑点贴图的效果。

大理石　使用两个显式颜色和第三个中间色模拟大理石的纹理。如图 5-28 所示是使用大理石贴图的效果。

图5-27　斑点贴图　　　　　　　　　　　　图5-28　大理石贴图

木材　将两种颜色进行混合使其形成木材的纹理图案。可以控制木纹的方向、粗细和复杂度。如图 5-29 所示是使用木材贴图的效果。

噪波　噪波是三维形式的湍流图案。噪波基于两种颜色，每一种颜色都可以设置贴图，从而在对象表面产生随机的不规则图案。如图 5-30 所示是使用噪波贴图的效果。

图5-29　木材贴图　　　　　　　　　　　　图5-30　噪波贴图

3．合成器

合成器专用于合成其他颜色或贴图。使用合成器贴图可以将两个或多个图像叠加以将其组合。3ds Max 2009 提供了 4 种合成器贴图，即：RGB 相乘、合成、混合、遮罩。

RGB 相乘　通过将 RGB 值相乘组合两个贴图。

合成　通过图像的 Alpha 通道将多个贴图进行叠加。

混合　将两种颜色或贴图任意混合在一起，通过设置混合量来控制其混合的程度。

遮罩　通过一种材质查看另一种材质。默认情况下，白色的遮罩区域为不透明，显示贴图；黑色的遮罩区域为透明，显示基本材质。

4. 颜色修改器

颜色修改器贴图可以改变材质中像素的颜色。3ds Max 2009 提供了 3 种颜色修改器贴图，即：RGB 染色、顶点颜色、输出。它们使用不同的方法来修改像素颜色。

5.2.2 任务实施

任务目标

① 理解贴图材质的特点，能够编辑和制作漫反射贴图材质。
② 能熟练调整贴图坐标。

任务描述

本任务将为场景文件中的桌面和花瓶指定贴图材质，使其成为木纹桌面和青花瓷花瓶，具体效果请参见本书配套光盘上"任务相关文档"文件夹中的文件"任务 13.max"，其渲染效果如图 5-31 所示。

通过本任务的操作，介绍最基本的贴图——漫反射贴图的设置方法，以及设置和调整贴图坐标的方法。

图5-31　木纹桌面和青花瓷花瓶

制作思路

① 准备一幅木纹图片，然后直接对长方体桌面应用漫反射贴图即可实现木纹材质。青花瓷材质同样可以通过漫反射贴图来实现，并通过对材质基本参数的设置来形成光亮的陶瓷质感。

② 由于青花瓷材质的赋予对象是一个花瓶，因此，为了使青花图案能较好地"包裹"在花瓶上，还应调整花瓶模型的贴图坐标。

操作步骤

1. 制作木纹材质

（1）启动 3ds Max 2009 之后，打开本书配套光盘上"场景"文件夹中的"场景 5-2.max"

文件，文件中的场景如图 5-32 所示。

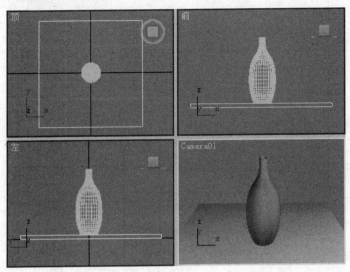

图5-32　"场景5-2.max"文件中的模型

（2）在视图中选择长方体桌面，然后单击工具栏中的 按钮或按 M 键，打开【材质编辑器】。确认第一个示例球被选定。

（3）在【Blinn 基本参数】卷展栏中，单击漫反射右边的空白方块按钮，打开【材质/贴图浏览器】，如图 5-33 所示。

（4）在【材质/贴图浏览器】中，双击【位图】，弹出文件选择对话框。选择本书配套光盘上的文件"任务相关文档\素材\木纹.jpg"，最后单击【打开】按钮。这时，示例窗口的第一个示例球上即出现了图形文件"木纹.jpg"中的木纹图案。

（5）将贴图材质指定给桌面。单击示例窗口下方水平工具栏中的 按钮，将当前示例球的贴图材质指定给桌面，这时 Camera01 视图中的桌面只改变了颜色，而没有显示出木纹图案。按下材质编辑器水平工具栏中的【在视口中显示贴图】按钮 后，即可从 Camera01 视图中观察到桌面上的贴图效果。不过，从摄像机视图或透视图中预览到的贴图材质效果往往很粗糙，经过渲染才能看到其精确效果，如图 5-34 所示。

图5-33　【材质/贴图浏览器】窗口

图5-34　桌面的木纹效果（一）

　　下面，通过调整贴图坐标的相关参数，使木纹变得细密一些。

　　（6）调整木纹材质的贴图坐标。在材质编辑器的【坐标】卷展栏中，将【平铺】下面的值设置为 2，如图 5-35 所示。

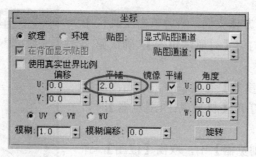

图5-35　调整木纹材质的贴图坐标

　　（7）再次渲染 Camera01 视图，效果如图 5-36 所示。

图5-36　桌面的木纹效果（二）

2．制作青花瓷材质

（1）设置基本材质参数。在材质编辑器中单击选择第二个示例球，然后在【Blinn 基本参数】卷展栏中，将【高光级别】设置为 90，【光泽度】设置为 60，

（2）指定漫反射贴图。在【Blinn 基本参数】卷展栏中，单击漫反射右边的空白方块按钮，再在弹出的【材质/贴图浏览器】中双击【位图】。最后在弹出的文件选择对话框中选择本书配套光盘上的文件"任务相关文档\素材\青花.jpg"，单击【打开】按钮后，第二个示例球上即出现了青花图案。

（3）将贴图材质指定给花瓶。在视图中选择花瓶，然后单击材质编辑器水平工具栏中的 按钮，将当前示例球的青花贴图材质指定给花瓶。从 Camera01 视图中可以看出青花图案位于花瓶的背面，下面通过调整贴图坐标来改变青花图案在花瓶上的显示位置。

（4）调整贴图的显示位置。在材质编辑器的【坐标】卷展栏中，将【偏移】下面的 V 设置为 0.4，这时，从 Camera01 视图中可以看出青花图案移到了花瓶的前面，其渲染效果如图 5-37 所示。

图5-37　调整了贴图坐标的青花瓷效果

从渲染结果中可以看出，瓶身上的青花图案有些变形，并且图案不够完整。下面通过对花瓶应用 UVW 贴图修改器，进一步调整花瓶的贴图效果。

3．应用【UVW 贴图】修改器

（1）关闭材质编辑器。确认花瓶被选定，单击命令面板上方的 按钮打开【修改】面板。在修改器列表中选择【UVW 贴图】修改器，其相关参数即出现在命令面板中。

（2）设置贴图 Gizmo 类型。在【参数】卷展栏的【贴图】栏中选择【柱形】，同时注意观察 Camera01 视图中花瓶上图案的变化。

（3）调整 UVW 修改器的 Gizmo。在修改器堆栈中，单击 UVW 贴图前面的【+】使之展开，再选择下面的 Gizmo。单击工具栏中的 按钮，在左视图中将黄色的 Gizmo 绕 Z 轴逆时针旋转 90°，效果如图 5-38 所示。

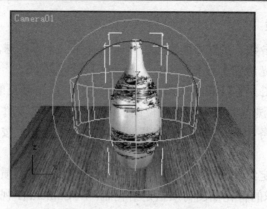

图5-38　旋转Gizmo的效果

（4）缩放 Gizmo。单击工具栏中的 ▣ 按钮，在顶视图中将 Gizmo 沿 X 轴适当缩小，使柱形的 Gizmo 正好包裹住花瓶。在前视图中将 Gizmo 沿 Y 轴放大至花瓶的高度，效果如图 5-39 所示。

图5-39　缩放Gizmo后的效果

（5）移动 Gizmo。单击工具栏中的 ✛ 按钮，在前视图中沿 Y 轴将 Gizmo 下移，同时注意从 Camera01 视图中观察青花图案的位置变化，最后使图案能够完整地呈现在花瓶上，如图 5-40 所示。

图5-40　移动Gizmo后的效果

（6）渲染 Camera01 视图，观察渲染效果。

5.2.3 知识链接：贴图坐标

贴图坐标决定了贴图在模型上的位置、方向和数量等放置方式，贴图坐标对最后的贴图效果有着较大的影响。3ds Max 中，贴图坐标采用的是 UVW 坐标系，其中，U、V 坐标轴分别代表了贴图的宽和高两个方向，它们的交点是旋转贴图的基点。W 坐标轴与 U、V 坐标平面垂直，并穿过 U、V 坐标轴的交点。

调整贴图坐标的常用方法有两种，一是使用材质编辑器的【坐标】卷展栏，二是使用 UVW 贴图修改器。

1.【坐标】卷展栏

设置了贴图材质之后，在材质编辑器的【Blinn 基本参数】卷展栏中，漫反射或高光反射颜色块右边的空白按钮上会现出字母 M，单击 M 按钮即可进入下一级的编辑层，这时，材质编辑器的下方会出现【坐标】卷展栏，如图 5-41 所示。改变【坐标】卷展栏中的相应参数，即可调整贴图坐标。

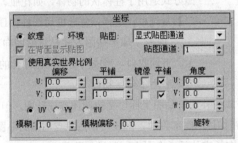

图5-41 【坐标】卷展栏

贴图通道 给一个物体设置不同的贴图坐标时，可以设置不同的通道，以观察和显示贴图效果。

UV 参数 其后的参数可以控制贴图在物体上重复贴图的次数、偏移量等。

偏移 设置位图贴图在 U 或 V 方向上的偏移量，可以用于调整贴图在物体表面的位置。

平铺 设置位图贴图在 U 或 V 方向上重复的次数，默认值为 1，使用此项时一般要选中【平铺】复选框。

镜像 可以使贴图产生镜像复制。

角度 调整贴图在 U、V、W 方向上的角度，也可以采用右下角的【旋转】按钮进行设置。

模糊 增加物体的模糊程度，可以用于对远景物体的贴图。

模糊偏移 利用图像的偏移产生模糊的贴图效果，一般用于产生柔化的效果。

2.【UVW 贴图】修改器

在材质编辑器中调整贴图坐标时，场景中所有被赋予了该贴图材质的物体，其贴图效果均会受到影响。如果希望只调整某个物体的贴图坐标，则可以使用【修改】命令面板中的【UVW 贴图】修改器。此外，通过对 UVW 贴图修改器的 Gizmo 进行移动、旋转和缩放操作，还可

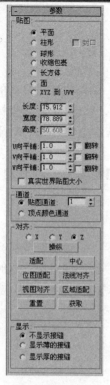

图5-42　UVW 贴图修改器的参数

以非常直观地调整贴图图案在对象上的位置、大小和角度。

在视图中选择要调整贴图坐标的对象后，打开【修改】命令面板，再在【修改器列表】中选择【UVW 贴图】，这时命令面板中即会出现相关的参数卷展栏，如图 5-42 所示，其中包括贴图、通道、对齐 3 个部分。

贴图　提供了 7 种不同的贴图方式。给物体指定贴图材质时，最好能够根据物体的几何结构来选择贴图方式。例如，要将含有木纹图案的材质指定给一张桌子，则可对桌子的不同部位指定不同的贴图方式。对桌面和抽屉表面可用平面贴图方式，对近似球形的抽屉把手可用球形贴图方式，而对近似柱形的桌子脚则可用柱形贴图方式。7 种贴图方式具体如下：

平面　平面贴图方式是将图案平铺在物体的表面上，这种贴图方式适用于物体上的长方形平面，如桌面、墙壁、地板等。

柱形　柱形贴图方式是以圆柱的方式围在物体的表面，这种贴图方式适用于柱体状的物体，如花瓶、茶杯等。此选项还有一个【封口】复选框，选择该复选框后圆柱体顶面也会进行贴图。

球形　球形贴图方式是将贴图向球体两侧包裹，然后在物体的上、下顶收口，形成两个点，在球体的另一侧会产生接缝，这种贴图方式适用于球状物体。

收缩包裹　对球形贴图方式的补充。贴图坐标也是按球体方式贴图，但它与球形贴图不同的是，它将贴图从物体的顶部向下包裹，在物体的底部收口，形成一个点，点周围的贴图会产生变形。

长方体　这种贴图方式是在长方体的 6 个面上同时进行贴图。

面　在网格物体的每个面上产生一幅贴图。

XYZ 到 UVW　XYZ 坐标系转换为 UVW 坐标系。

【贴图】栏中的其他参数如下：

长度、宽度、高度　用于控制贴图的大小。

U 向平铺、V 向平铺、W 向平铺　用于设置材质重复贴图的次数。它和材质编辑器中同类贴图参数不同的是，材质编辑器是从中心开始的，而此处产生重复的基准点是右下角。其后的【翻转】项可以使贴图在对应方向上发生翻转。

通道　用于设置在哪个通道上显示贴图。

对齐　用于设置贴图坐标的对齐方式，一般在【平面】方式时使用。

适配　改变贴图坐标原有的位置和比例，使贴图坐标自动与物体的外轮廓边界大小一致。

中心　使贴图坐标中心与物体中心对齐。

位图适配　使贴图坐标的比例与位图图片的比例一致。

法线对齐　使贴图坐标与物体的法线垂直。

视图对齐　使贴图坐标与当前视图对齐。

区域适配　使贴图坐标与所画区域比例一致。

重置　使贴图坐标恢复到初始状态。

获取　可以获取其他场景对象贴图坐标的角度、位置、比例。

5.3 任务14：有浮雕图案的烟灰缸和光亮的桌面 ——凹凸贴图和反射贴图

5.3.1 预备知识：凹凸贴图和反射贴图

1. 贴图通道

Standard 材质（标准材质）的【贴图】卷展栏中提供了多种贴图通道，如图 5-43 所示。使用这些贴图通道可以生成多种材质效果，如纹理、透明、凹凸、反射、折射等。

【贴图】卷展栏中的【数量】用于控制贴图的程度， None 按钮用于设置贴图。

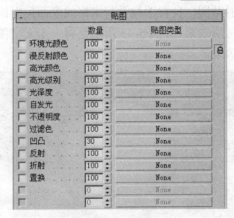

图5-43 【贴图】卷展栏

2. 凹凸贴图

凹凸贴图是一种常用的贴图通道，它使对象表面呈现凹凸不平的效果。凹凸贴图利用图像的灰度值来影响材质表面的光滑程度，贴图较明亮（较白）的区域形成凸起，而较暗（较黑）的区域则形成凹陷。当需要创建浮雕效果或粗糙不平的表面时，可使用凹凸贴图。

可以选择一个图形文件或程序贴图用于凹凸贴图。如图 5-44 所示是将程序贴图"平铺"应用于凹凸贴图形成的砖墙效果。

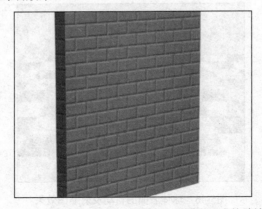

图5-44 将程序贴图"平铺"应用于凹凸贴图形成的砖墙效果

凹凸贴图的【数量】参数影响凹凸的程度，该值越大，凹凸感就越强。有时，可以为凹凸贴图材质设置适当的高光，高光可以更好地烘托出凹凸效果。

凹凸贴图的影响深度有限。如果希望模型表面上出现很深的纹理，则应该使用建模技术。

3. 反射贴图

反射贴图用于加强材质的光亮效果。可以创建 3 种反射：基本反射贴图、自动反射贴图、平面镜反射贴图。

（1）基本反射贴图

使用贴图图像作为反射贴图，使得图像看起来好像表面反射的一样。常用于创建玻璃或金属等有光洁亮丽表面的材质效果。如图 5-45 所示是将一个天空图案的图形文件用于反射贴图，模拟球体表面的反射效果。

图5-45　使用反射贴图模拟球体表面的反射效果

（2）自动反射贴图

不需要使用贴图图像，而是使用【材质/贴图浏览器】中的"反射/折射"或"光线跟踪"贴图类型，精确地计算反射效果。自动反射贴图的效果真实，但会使渲染速度变慢。如图 5-46 所示是球体表面的自动反射效果。

图5-46　球体表面的自动反射贴图效果

（3）平面镜反射贴图

使用【材质/贴图浏览器】中的"平面镜"贴图类型来创建镜面反射效果，常用于制作能产生倒影的材质，如光亮的桌面、地面、水面等，如图 5-47 所示。

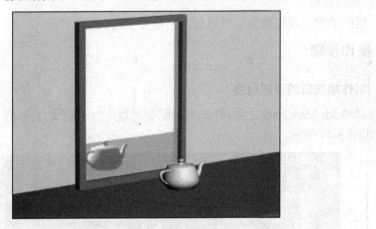

图5-47　平面镜反射贴图效果

5.3.2　任务实施

 任务目标

① 了解凹凸贴图的特点，掌握凹凸贴图的使用方法。
② 了解反射贴图的特点，掌握反射贴图的使用方法。

 任务描述

为前面"任务 4"中制作的烟灰缸制作有凹凸感的雕花材质，为放置烟灰缸的桌面制作镜面反射材质。具体效果请参见本书配套光盘上"任务相关文档"文件夹中的文件"任务14.max"，其渲染效果如图 5-48 所示。

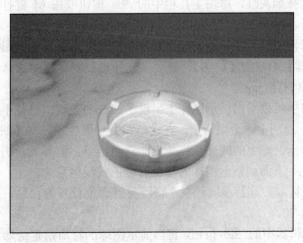

图5-48　有浮雕图案的烟灰缸和光亮的桌面

制作思路

. ① 烟灰缸的浮雕图案效果可以通过凹凸贴图实现，调整凹凸贴图的【数量】参数可改变雕花的凹凸程度。

② 桌面的镜面反射效果可以通过反射贴图实现。

 操作步骤

1. 制作烟灰缸的浮雕材质

（1）启动 3ds Max 2009 之后，打开本书配套光盘上"场景"文件夹下的文件"场景 5-3.max"，其场景如图 5-49 所示。

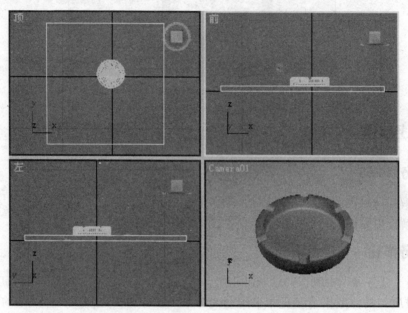

图5-49　"场景5-3.max"文件中的场景

（2）在视图中选择烟灰缸，单击工具栏中的 按钮或按 M 键打开材质编辑器，确认第一个示例球被选择。

（3）在材质编辑器中展开【贴图】卷展栏，单击【凹凸】右边的 None 按钮，再在弹出的【材质/贴图浏览器】中双击【位图】，然后在文件选择对话框中选择本书配套光盘上的文件"任务相关文档\素材\花.jpg"。

（4）从示例窗口中可以看出，示例球上出现了凹凸的花纹，只是不太明显。单击水平工具栏中的 按钮，返回上一个编辑层。在【贴图】卷展栏中，将【凹凸】栏的【数量】值设置为 100。这时，示例球上的凹凸花纹变得非常突出了，但其颜色仍然为灰色，这是示例球本身的漫反射颜色。下面调整示例球的漫反射颜色及反射高光。

（5）在【Blinn 基本参数】卷展栏中，将漫反射颜色设置为白色，再将高光级别设置为80，将光泽度设置为70。

（6）单击材质编辑器中的 按钮，将当前示例球的材质指定给烟灰缸。渲染 Camera01 视图，效果如图 5-50 所示。

图5-50　烟灰缸的浮雕效果

2.制作桌面的镜面反射材质

（1）在视图中选择长方体桌面，然后在材质编辑器中选择第二个示例球。单击水平工具栏中的 🔲 按钮，将当前示例球的材质指定给桌面。

（2）给桌面指定大理石纹理贴图。展开【贴图】卷展栏，再单击【漫反射颜色】右边的 None 按钮，在弹出的【材质/贴图浏览器】中双击【位图】，打开文件选择对话框。选择本书配套光盘上的文件"任务相关文档\素材\石材.jpg"，最后单击【打开】按钮。

（3）设置材质的镜面反射效果。单击水平工具栏中的 🔲 按钮，返回上一编辑层。在【贴图】卷展栏中，单击【反射】右边的 None 按钮，在弹出的【材质/贴图浏览器】中双击【平面镜】，然后在【平面镜参数】卷展栏中，勾选【应用于带 ID 的面】。渲染 Camera01 视图，结果如图 5-51 所示。

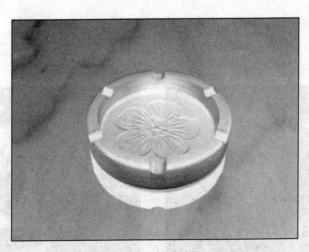

图5-51　桌面的材质效果（一）

（4）单击水平工具栏中的 🔲 按钮，返回上一编辑层。在【贴图】卷展栏中，将反射数量设置为 30。再次渲染 Camera01 视图，效果如图 5-52 所示。

图5-52　桌面的材质效果（二）

5.3.3　知识链接：其他常用贴图通道

1．漫反射颜色贴图

漫反射颜色贴图是最常用的一种贴图，主要用于表现材质的纹理效果，它将图案直接贴到对象的漫反射区域。

设置漫反射贴图时，既可以在【贴图】卷展栏中单击【漫反射颜色】右边的 `None` 按钮获取贴图，也可以在材质编辑器的【Blinn 基本参数】卷展栏中单击漫反射右边的空白方块按钮。

2．自发光贴图

自发光贴图使对象表面呈现局部发光的效果。贴图中浅色区域产生自发光效果（白色区域为完全自发光）。自发光的区域不受场景中灯光的影响，并且不接受投影。

如图 5-53 所示显示了使用自发光贴图前后的广告灯箱效果对比。

使用自发光贴图前　　　　　　　　　　使用自发光贴图后

图5-53　使用自发光贴图前后的广告灯箱效果

3．不透明度贴图

不透明贴图是根据贴图图案的明暗来决定贴图材质的透明与否。在默认情况下，贴图图案中亮度较高的地方（如白色）表现为不透明，而较暗的地方（如黑色）则表现为透明。设置不透明贴图时，如果使用一幅黑白图案，则可以制作出镂空的视觉效果。如果使用一幅彩色图案，则可以制作出半透明的效果。不透明贴图通常用于制作部分透明的材质效果。

当只应用不透明贴图时，贴图中不透明图案的颜色反映为材质的漫反射颜色。如果希望贴图中的不透明图案显示为位图文件或程序贴图本身的色彩，则在应用不透明贴图的同时，还应将相同的位图文件或程序贴图应用于漫反射贴图。

如图 5-54 所示是使用不透明度贴图制作的半透明窗帘材质效果。

图5-54　使用不透明度贴图制作的半透明窗帘材质

4．折射贴图

折射贴图用于模拟水、曲面玻璃等材质的折射效果，呈现透过物体所看到的效果。常常将【光线跟踪】应用于折射贴图，其目的是使赋予了该贴图材质的物体能够自动折射其周围的景物（包括画面背景）。

影响折射效果的一个重要参数是材质编辑器【扩展参数】卷展栏中的【折射率】，其默认值为 1.5，这是典型的玻璃折射率。对象的密度越大，折射率就越高。

如图 5-55 所示是使用折射贴图制作的玻璃材质效果。

图5-55　玻璃球的折射效果

5.4　任务15：内外不同图案的杯子——双面材质

5.4.1　预备知识：复合材质

复合材质是两种或两种以上的材质通过某种方式相结合而形成的新材质。3ds Max 2009 提供了多种复合材质，灵活运用复合材质可以制作出千变万化的、具有丰富视觉效果的材质。在材质编辑器中单击水平工具栏右下方的 Standard 按钮后，即可在弹出的【材质/贴图浏览器】中选择需要的复合材质，如图 5-56 所示。

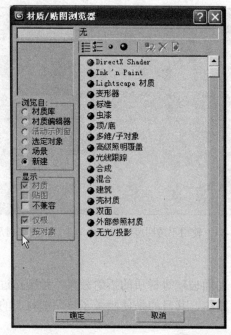

图5-56　在【材质/贴图浏览器】中选择复合材质

常用的复合材质有顶/底、双面、混合、合成、多维/子对象、虫漆等，下面的任务 15 将使用双面材质制作内外不同图案的杯子。

5.4.2　任务实施

 任务目标

① 理解复合材质的特点，能够灵活运用复合材质。
② 掌握双面材质的设置方法。

 任务描述

本任务将给杯子指定内外两种不同图案的材质。具体效果请参见本书配套光盘上"任务相关文档"文件夹中的文件"任务 15.max"，其渲染效果如图 5-57 所示。

图5-57　内外两种不同图案的杯子

通过本任务的操作，了解复合材质的基本使用方法。

制作思路

使用双面材质可以分别为物体的正反两面赋予不同的材质和贴图，因此，可以应用双面材质来实现杯子内外两种不同图案的材质效果。

 操作步骤

1．选择双面材质类型

（1）启动 3ds Max 2009 之后，打开本书配套光盘上"场景"文件夹下的"场景 5-4.max"文件，其场景中提供了一个杯子的模型，如图 5-58 所示。

（2）在视图中选择杯子，然后单击工具栏中的 🎲 按钮或按 M 键，打开材质编辑器。在材质编辑器中单击水平工具栏中的 🔲 按钮，将第一个示例球的材质指定给场景中选定的杯子。

（3）在材质编辑器中单击水平工具栏右下方的 Standard 按钮，然后在弹出的【材质/贴图浏览器】中双击【双面】，这时材质编辑器中出现了【双面基本参数】卷展栏，如图 5-59 所示。

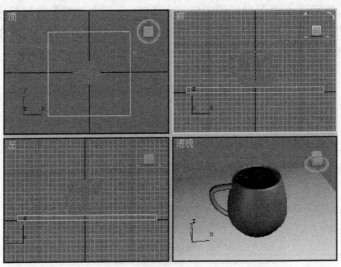

图5-58　"场景5-4.max"文件中的场景

图5-59　【双面基本参数】卷展栏

2. 设置双面材质的参数

（1）设置杯子外面的纹理。在【双面基本参数】卷展栏中，单击【正面材质】右边的长按钮进入正面材质编辑层。

（2）在【Blinn 基本参数】卷展栏中，单击漫反射右边的空白方块按钮，打开【材质/贴图浏览器】，双击其中的【位图】，然后在打开的文件选择对话框中选择本书配套光盘上的文件"任务相关文档\素材\杯子外面.jpg"。

（3）设置高光。单击水平工具栏中的 📁 按钮，返回上一个编辑层。在【Blinn 基本参数】卷展栏中，将"高光级别"和"光泽度"分别设置为 80，50。渲染透视图，效果如图 5-60 所示。

图5-60　杯子外表面的材质效果

（4）设置杯子里面的纹理。单击 📁 按钮返回【双面基本参数】卷展栏，然后单击【背面材质】右边的长按钮进入背面材质编辑层。在【Blinn 基本参数】卷展栏中，单击漫反射右边的空白方块按钮，打开【材质/贴图浏览器】，双击其中的【位图】，然后在打开的文件选择对话框中选择本书配套光盘上的文件"任务相关文档\素材\杯子里面.jpg"。渲染透视图，效果如图 5-61 所示。

图5-61　杯子内表面的材质效果

（5）在【坐标】卷展栏中，将【平铺】下面的 U、V 均设置为 0.5。再次渲染透视图，可以看出杯子里面的图案变大了。

5.4.3　知识链接：常用复合材质

1．双面材质

双面材质可以分别为物体的内外两面赋予不同的材质和贴图。其参数卷展栏如前面的图 5-58 所示。

半透明　用于设置两种材质的混合程度，取值范围在 0～100 之间。取值为 0 时，正面材质在外；取值为 100 时，正面材质在内，背面材质在外。

正面材质　外表面的材质。

背面材质　内表面的材质。

当对带有一定厚度的物体或使用"轮廓"生成的旋转物体使用双面材质时，如果看不到双面效果，可以使用【翻转法线】命令。

2．混合材质

混合材质是将两种材质按照一定的比例进行混合，从而在物体表面产生两种材质的效果，如图 5-62 所示。

混合的方式有两种。一种是使用【混合量】进行调节，取值范围在 0～100 之间。当取值为 0 时，显示第一种材质；当取值为 100 时，显示第二种材质；当取值介于两者之间时，显示两种材质的混合效果。第二种是使用【遮罩】，利用贴图的灰度值来决定两种材质的显示方式，贴图中纯黑色部分显示第一种材质，纯白色部分显示第二种材质，介于黑白两者之间的，根据亮度显示两种材质的混合效果。

【混合基本参数】卷展栏如图 5-63 所示。

图5-62　花卉图案与棋盘格图案的混合效果

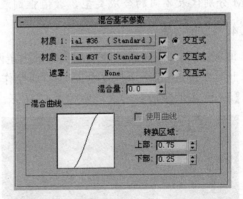

图5-63　【混合基本参数】卷展栏

材质 1、材质 2　单击其后的长按钮，即可设置用于混合的两种材质。

遮罩　单击其后的长按钮可选择一幅贴图，根据贴图的灰度值来决定两种材质的混合情况。

混合量　设置两种材质混合的百分比。

转换区域　设置两种材质发生转换的区域。

3．合成材质

合成材质类似于混合材质，但它允许包含多达 10 种不同的材质进行合成。制作合成材质的方法是，先选择一种基础材质，然后再选择其他类型的材质与基本材质合成。如图 5-64 所示是 3 种材质的合成效果，其基础材质是用棋盘格图案制作的漫反射贴图，与其合成的另两种材质分别是花卉图案和大理石图案。

【合成基本参数】卷展栏如图 5-65 所示。

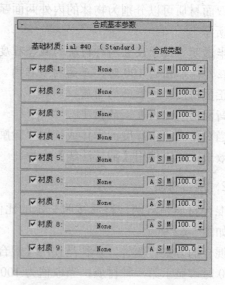

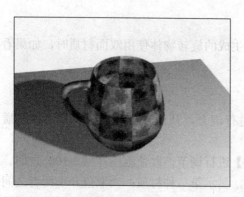

图5-64　3种材质的合成效果　　　　　　　图5-65　【合成基本参数】卷展栏

基础材质　设置合成材质的基本材质。

材质 1～材质 9　可以设置用于与基本材质进行合成的其他 9 种材质。其后 A S M 中的 A、S、M 分别代表不同的合成类型，数值框则表示对下面材质的透过程度。

4．顶/底材质

顶/底材质可以向对象的顶部和底部指定两种不同的材质，并且还可以将这两种材质混合在一起。如图 5-66 所示是使用顶/底材质制作的背部为蛇皮纹理而腹部为白色的花蛇效果。

【顶/底基本参数】卷展栏如图 5-67 所示。

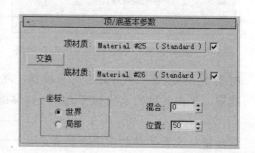

图5-66　花蛇　　　　　　　　　　　图5-67　【顶/底基本参数】卷展栏

顶材质 单击其后的按钮进入顶部材质的设置。

底材质 单击其后的按钮进入底部材质的设置。

交换 交换顶部材质和底部材质的位置。

坐标 确定顶部和底部依据的坐标系。

混合 设置顶部材质和底部材质相互混合的程度，其值在 0~100 之间。

位置 设置顶部材质和底部材质发生混合的位置，其值在 0~100 之间。

5. 多维/子对象材质

多维/子对象复合材质可以使模型的不同部位具有不同材质效果。在多维/子对象材质的设置中，各子材质的 ID 是与模型子对象的 ID 相对应的，所以在使用多维/子对象材质的同时，一般都会通过"编辑网络"等修改器为物体的不同子对象指定不同的 ID。如图 5-68 所示是应用多维/子对象材质制作的杯子，杯子的不同部位具有不同纹理的效果。

【多维/子对象基本参数】卷展栏如图 5-69 所示。

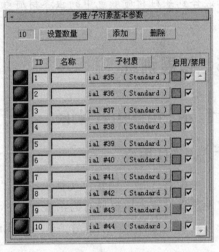

图5-68 应用多维/子对象材质制作的杯子的效果　　　图5-69 【多维/子对象基本参数】卷展栏

设置数量 单击该按钮后可在弹出的对话框中设置子材质的数量。

添加 在已设置了材质数目的基础上再增加一个子材质。

删除 删除一个子材质。

ID 该列可以为每个子材质定义一个序号。

名称 为子材质定义名字。

子材质 设置对应的子材质类型。

启用/禁用 控制子材质是否有效。选中为有效，否则为无效。

6. 虫漆材质

虫漆材质通过叠加将两种材质混合，被添加到基础材质颜色中的叠加材质称为"虫漆"材质。如图 5-70 所示是虫漆材质的应用效果。

【虫漆基本参数】卷展栏如图 5-71 所示。

图5-70　虫漆材质的应用效果

图5-71　【虫漆基本参数】卷展栏

基础材质　单击其后的长按钮可设置基础材质。

虫漆材质　单击其后的长按钮可设置虫漆材质。

虫漆颜色混合　控制颜色混合的量。其值为 0 时，虫漆材质没有效果。增加该参数值将增加混合到基础材质颜色中的虫漆材质颜色量。该参数没有上限，较大的值将"超载"虫漆材质颜色。

5.5　拓展训练

5.5.1　给一组茶具设置材质

　**训练内容**

本书配套光盘"场景"文件夹中的"场景 5-5.max"文件场景内提供了一组茶具模型。要求为茶盘设置木纹材质，为茶壶、茶杯等茶具设置玻璃材质。具体效果请参见本书配套光盘上"实训"文件夹中的文件"实训 5-1.max"，其渲染效果如图 5-72 所示。

图5-72　茶具的材质效果

　训练重点

① 漫反射颜色贴图的应用，贴图坐标的调整。

② 折射贴图的应用。

操作提示

（1）启动 3ds Max 2009 之后，打开本书配套光盘上"场景"文件夹中的"场景 5-5.max"文件，其中 Camera01 视图的渲染效果如图 5-73 所示。

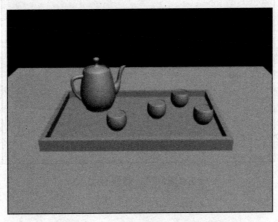

图5-73　设置材质之前的渲染效果

（2）设置桌面材质。选定场景中的长方体桌面，打开材质编辑器，确定第一个示例球被选定，并将该材质指定给桌面。设置漫反射颜色贴图为"位图"，并使用本书配套光盘上的图形文件"材质\石材\石材 06.jpg"。在【坐标】卷展栏中，将【平铺】下面的 U、V 值均设置为 6。

（3）设置茶盘材质。选定场景中的茶盘，然后在材质编辑器中选择第二个示例球，并将该材质指定给茶盘。设置漫反射颜色贴图为"位图"，并使用本书配套光盘上的图形文件"材质\木纹\木纹 03.jpg"。

（4）调整茶盘的贴图坐标。确定茶盘被选定，打开【修改】命令面板，选择【UVW 贴图】修改器，并在【参数】卷展栏中设置贴图方式为"长方体"。在修改器堆栈中选择 UVW 贴图下面的 Gizmo，然后在前视图中沿 Y 轴将 Gizmo 适当放大。在命令面板的【参数】卷展栏中，将【U 向平铺】设置为 3。

（5）设置茶具材质。在视图中同时选定茶壶和 4 个茶杯，然后在材质编辑器中选择第三个示例球，并将该材质指定给选定的茶具。在【明暗器基本参数】卷展栏中勾选"双面"。在在【Blinn 基本参数】卷展栏中将漫反射颜色设置为白色，将高光级别设置为 100，光泽度设置为 80。在【贴图】卷展栏中，设置折射贴图为"光线跟踪"，并将折射贴图的【数量】设置为 90。

（6）设置渲染背景。使用【渲染】→【环境】菜单，将渲染背景设置为浅黄色。

5.5.2　给高跟鞋指定材质

 训练内容

参照本书配套光盘上"实训"文件夹中的文件"实训 5-2.max"，给高跟鞋的不同部位赋予不同的材质，其中鞋垫为浅黄色，鞋跟下半部和装饰扣为黄色金属，其余为绿色。其渲染效果如图 5-74 所示。

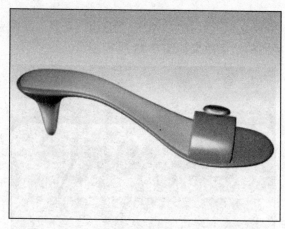

图5-74　高跟鞋

训练重点

① 多维/子对象复合材质的应用。

② 金属材质的设置。

操作提示

（1）启动 3ds Max 2009 之后，打开本书配套光盘上"场景"文件夹中的文件"场景 5-6.max"，其中提供了一个高跟鞋的模型。

（2）为鞋子的子对象设置不同的材质 ID。在视图中选择鞋子后，打开【修改】面板，在修改器堆栈中展开【可编辑网络】，然后选择【多边形】。选择整个鞋子的多边形，在命令面板中将其材质 ID 设置为 1，参照图 5-75 所示，在顶视图中选择鞋垫部分的多边形，将其材质 ID 设置为 2。最后参照图 5-76 所示，在前视图中选择鞋跟部分的多边形，并将其材质 ID 设置为 3。

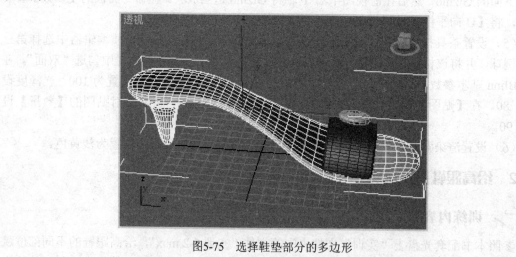

图5-75　选择鞋垫部分的多边形

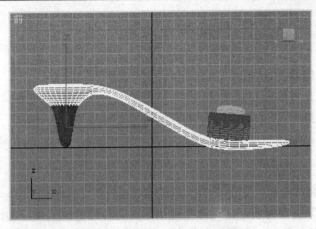

图5-76 选择鞋跟部分的多边形

（3）编辑多维/子对象材质。打开材质编辑器，单击水平工具栏右下方的 Standard 按钮，然后在弹出的【材质/贴图浏览器】中双击【多维/子对象】。

（4）编辑 ID 为 1 的子材质，将其漫反射颜色设置为绿色，并将高光级别设置为 80，光泽度设置为 40。

（5）编辑 ID 为 2 的子材质，设置漫反射颜色为浅黄色。

（6）编辑 ID 为 3 的子材质，在【明暗器基本参数】卷展栏中，选择"金属"明暗器，并将漫反射颜色设置为暗黄色，将高光级别设置为 80，光泽度设置为 60。通过设置反射贴图增加金属材质的光泽度。最后将编辑好的材质指定给鞋底。

（7）设置鞋面的材质。在材质编辑器中选择第二个示例球，并将其材质指定给鞋面。将其漫反射颜色设置为与鞋底相同的绿色，并将高光级别设置为 80，光泽度设置为 50。

（8）设置装饰扣的材质。在材质编辑器中选择第三个示例球，并将其材质指定给鞋面上的装饰扣。按前面第（6）步中的参数设置，将装饰扣的材质设置为暗黄色金属。

（9）设置渲染背景。使用【渲染】→【环境】菜单，将渲染背景设置为渐变色。

 习题与实训

一、填空题

1. 3ds Max 2009 中材质和贴图的编辑是通过＿＿＿＿＿＿＿＿窗口来实现的。

2. 按快捷键＿＿＿＿＿＿＿＿可打开材质编辑器。

3. 材质的颜色包括环境光、＿＿＿＿＿＿＿、＿＿＿＿＿＿＿3 个部分的颜色信息，其中，起决定作用的是＿＿＿＿＿＿＿颜色。

4. 制作透明材质时，应修改【Blinn 基本参数】卷展栏中的＿＿＿＿＿＿＿参数。

5. 贴图材质的来源主要有＿＿＿＿＿＿＿和＿＿＿＿＿＿＿两种。

6. 可以在材质编辑器中的＿＿＿＿＿＿＿卷展栏中设置贴图坐标，也可以使用＿＿＿＿＿＿＿修改器。

7. 常用的贴图方式有＿＿＿＿＿＿＿、＿＿＿＿＿＿＿、＿＿＿＿＿＿＿、

_____。

二、简答题

1. 简述材质编辑器的功能。
2. 简述制作漫反射贴图材质的方法。
3. 简述制作多维/子对象复合材质的方法。
4. 简述制作凹凸贴图材质的方法。

三、上机操作

在本书配套光盘"场景"文件夹的"场景 5-7.max"文件中提供了一个足球模型，要求使用"多维/子对象"复合材质，使足球呈现出黑白两种颜色的效果，如图 5-77 所示。具体效果请参见本书配套光盘上"实训"文件夹中的文件"实训 5-3.max"。

图5-77　足球的材质效果

第6章 灯 光

内容导读

　　灯光是 3ds Max 中照亮场景的光源，除了基本的照明作用之外，灯光还对烘托场景的整体气氛起着非常重要的作用。在 3ds Max 中，灵活运用各类灯光可以准确而生动地表现出场景所处的地理环境和时间环境，例如，月光、不同时间的太阳光、室内光源等。3ds Max 2009 还能制作多种光影特效，使场景更加富有感染力。

　　本章重点通过两个灯光应用的任务，介绍在 3ds Max 2009 中创建灯光的方法、各类灯光的特点、常用灯光参数的设置，以及运用体积光制作特殊光效的方法。

知识要点

① 3ds Max 2009 的灯光类型。
② 灯光的创建方法。
③ 常用灯光参数。
④ 基本布光技巧。
⑤ 体积光的使用。

任务一览

任务 16：白天的室内光效——使用聚光灯和泛光灯
任务 17：透过窗户的阳光——使用体积光

6.1　任务16：白天的室内光效——使用聚光灯和泛光灯

6.1.1　预备知识：3ds Max 2009 的灯光类型

3ds Max 2009 提供了两大类型的灯光：标准灯光和光度学灯光。标准灯光通常用于模拟普通灯光（如车灯、室内台灯、壁灯）和太阳光等，光度学灯光则可以通过光度学值，更加精确地定义灯光。下面重点介绍标准灯光的灯光类型。

3ds Max 2009 提供了 8 种类型的标准灯光，它们是：

① 目标聚光灯；

② 自由聚光灯；

③ 目标平行光；

④ 自由平行光；

⑤ 泛光灯；

⑥ 天光；

⑦ mr 区域泛光灯；

⑧ mr 区域聚光灯。

在【创建】命令面板中，单击【灯光】按钮 ，即可打开创建灯光的命令面板。可在下拉列表中选择【标准】或【光度学】灯光。

在标准灯光面板的【对象类型】卷展栏中，即提供了 8 种类型灯光的创建命令，如图 6-1 所示。单击创建灯光的命令后，在视图中拖动或单击鼠标即可创建灯光。

图6-1　创建标准灯光的命令面板

1. 聚光灯

聚光灯是有方向的光源，以光锥的形式发出光线，类似于日常生活中的探照灯或手电筒。3ds Max 提供了两种类型的聚光灯，即目标聚光灯和自由聚光灯。

目标聚光灯由光源点和目标点组成，如图 6-2 所示。光锥顶部的圆锥图标代表光源点，另一端的小方块图标则代表目标点。可以分别对光源点和目标点进行移动和旋转等操作，但无论光源点和目标点怎样运动，同一个目标聚光灯中的光源都总是照向目标点的。目标聚光灯常被用来作为提供基本照明的主灯。

自由聚光灯类似于目标聚光灯，其光线仍是来自一点，并沿着锥形延伸。与目标聚光灯不同的是，自由聚光灯没有目标点。在实际应用中，自由聚光灯可以用作一些垂直或水平方向上的直射灯效果。

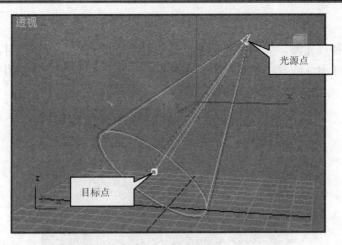

图6-2　目标聚光灯

2．平行光

平行光也是有方向的光源。与聚光灯不同的是，平行光发出的不是光锥，而是一束平行光线，如图 6-3 所示。在图 6-4 中，相互平行的立柱在聚光灯的照射下产生的阴影呈锥形，而在图 6-5 中，立柱在平行光的照射下产生的是相互平行的阴影。

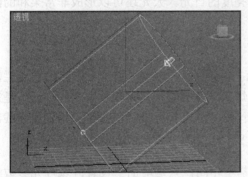

图6-3　目标平行光

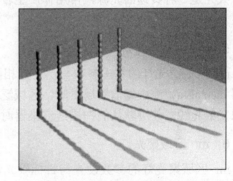

图6-4　聚光灯产生的锥形阴影

3ds Max 提供了两种类型的平行光，即目标平行光和自由平行光。其中，目标平行光包含光源点和目标点，而自由平行光则没有目标点。在实际应用中，平行光常用来模拟户外太阳光的光照效果。

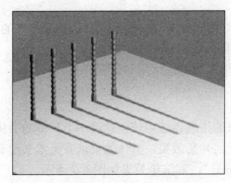

图6-5　平行光产生的平行阴影

3．泛光灯

泛光灯是一种点光源，如图 6-6 所示。泛光灯发出的光线向四周散射，它就象平常见到的没有灯罩的电灯泡，散发出扩散的光。在实际应用中，泛光灯通常被用来作为提供均匀照明的辅助灯。

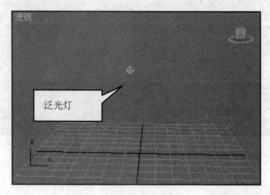

图6-6　泛光灯

4．天光

天光是一种圆顶的光源，常用作产生较高亮度的日光。天光还可以形成非常柔和的阴影效果。

5．mr 区域泛光灯

mr 区域泛光灯的基本参数与泛光灯相同，只是增加了设置区域灯光参数的卷展栏。当使用 mental ray 渲染器渲染场景时，区域泛光灯从球体或圆柱体体积发射光线，而不是从点光源发射光线。使用默认的扫描线渲染器时，区域泛光灯像标准的泛光灯一样发射光线。

6．mr 区域聚光灯

mr 区域聚光灯的参数设置与目标聚光灯基本相同，只是增加了设置区域灯光参数的卷展栏。

6.1.2　任务实施

 任务目标

① 掌握聚光灯和泛光灯的创建方法，能够灵活调整聚光灯的照射方向和角度。
② 掌握灯光的常用参数。
③ 能根据场景的具体情况灵活地运用和设置灯光。

 任务描述

在前面第 2 章 2.3.2 节的拓展训练中曾创建过一个简单的书房场景，本任务将给这个书房场景设置灯光，营造白天的光影效果。具体效果请参见本书配套光盘上"任务相关文档"文件夹中的文件"任务 16.max"，其渲染效果如图 6-7 所示。

图6-7　白天的室内光效

通过本任务的操作，介绍聚光灯和泛光灯的创建方法，以及灯光常用参数的基本设置方法。

 制作思路

① 利用投射阴影的聚光灯或平行光来模拟从窗外照进室内的阳光。

② 使用产生散射光线的泛光灯来提供室内的主要照明。

 操作步骤

1. 创建和设置聚光灯

（1）启动 3ds Max 2009 之后，打开本书配套光盘上"场景"文件夹中的文件"场景 6-1.max"。渲染其中的 Camera01 视图，设置灯光之前的效果如图 6-8 所示。

图6-8　设置灯光之前的渲染效果

注意：由于系统提供了默认的光源，所以，虽然此时还没有创建任何灯光，但场景仍然可以被系统的默认光源照亮。

（2）创建目标聚光灯。在【创建】命令面板中单击 🔆 按钮，打开【创建】→【灯光】命令面板。

（3）在命令面板的【对象类型】卷展栏中，单击【目标聚光灯】按钮，使该按钮变成黄色激活状态。

（4）把光标移到顶视图中的右侧位置，此时光标为十字形状。按下鼠标左键向视图中间拖动鼠标，以确定聚光灯的目标点，在适当的位置处放开鼠标左键。这时，聚光灯的方向是从室外照向室内，如图 6-9 所示。

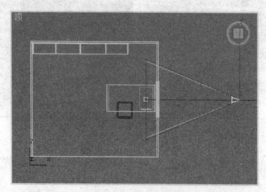

图6-9　聚光灯在顶视图中的位置和方向

创建了聚光灯之后，Camera01 视图中的场景反而变暗了，这是因为一旦自己创建了灯光，那么系统的默认光源将自动关闭。

（5）调整聚光灯的位置。从前视图和左视图中可以看出，聚光灯的位置较低。单击工具栏中的 ✛ 按钮，在前视图中单击聚光灯，再将聚光灯适当上移，如图 6-10 所示。

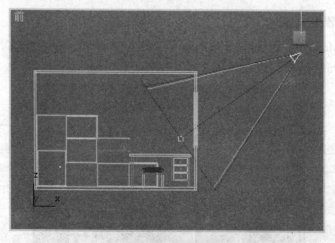

图6-10　聚光灯在前视图中的位置

单击聚光灯与其目标点连接的直线可以同时选择并移动这两个对象。

（6）渲染 Camera01 视图，聚光灯的照明效果如图 6-11 所示。

图6-11 聚光灯的照明效果（一）

（7）打开聚光灯的阴影选项。在命令面板的【常规参数】卷展栏中，勾选【阴影】栏中的【启用】复选框。渲染 Camera01 视图，效果如图 6-12 所示。

图6-12 聚光灯的照明效果（二）

2. 创建和设置泛光灯

（1）打开【创建】→【灯光】命令面板，单击【泛光灯】按钮，将光标移到视图内单击鼠标左键创建泛光灯。然后，单击工具栏中的 ✛ 按钮，参照图 6-13 所示，在视图中调整泛光灯的位置。

（2）渲染 Camera01 视图，这时整个场景都变得非常明亮。

（3）设置泛光灯的亮度。确认泛光灯被选择，打开【修改】命令面板，在【强度/颜色/衰减】卷展栏中，将【倍增】参数的值由原来的 1 调整为 0.9。再次渲染 Camera01 视图，效果如图 6-14 所示。

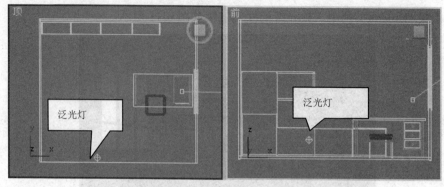

图6-13　泛光灯在场景中的位置

图6-14　设置泛光灯后的照明效果

　　所有的灯光都有【倍增】参数，当场景中创建了两个以上的灯光时，通常应根据各个灯光的作用将其【倍增】参数设置为不同的值，这样，场景中的灯光效果才能呈现出丰富的层次感。

　　从渲染结果中可以看出，地板上的光线较暗。下面，再创建一个泛光灯，增加室内的亮度。

　　（4）创建第二个泛光灯。在【创建】→【灯光】命令面板中，单击【泛光灯】按钮，在场景中创建一个泛光灯。参照图 6-15 所示，调整泛光灯的位置。渲染 Camera01 视图，效果如图 6-16 所示。

　　从渲染结果中可以看出，墙壁等对象的亮度过高。下面，将这些亮度过高的对象从第二个泛光灯中排除。

　　（5）设置泛光灯的排除对象。在视图中选择第二个泛光灯，然后在【常规参数】卷展栏中单击【排除】按钮，打开【排除/包含】对话框，在左边的场景对象列表中，选择"窗"、"后墙"、"天花板"、"右墙"和"左墙"，再单击 >> 按钮，使这 5 个对象出现在右边的排除对象列表中，如图 6-17 所示。最后单击对话框中的【确定】按钮。

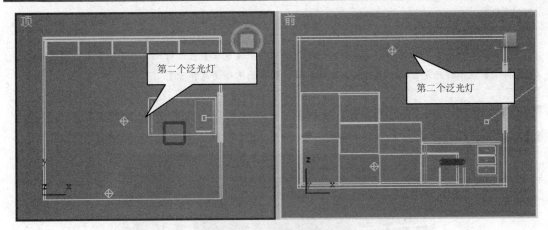

图6-15 第二个泛光灯的位置

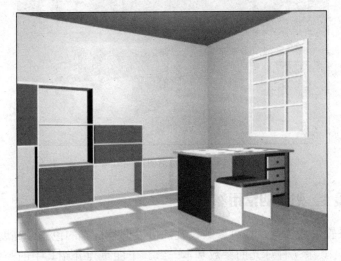

图6-16 创建第二个泛光灯之后的照明效果

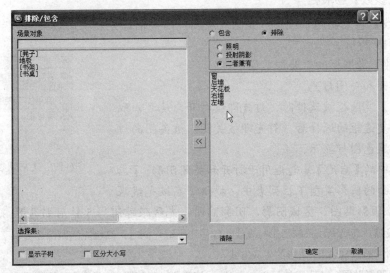

图6-17 选择泛光灯的排除对象

（6）设置第二个泛光灯的亮度。选择第二个泛光灯后，在【强度/颜色/衰减】卷展栏中，将【倍增】参数的值设置为 0.8。再次渲染 Camera01 视图，效果如图 6-18 所示。

图6-18 最后的室内照明效果

6.1.3 知识链接 1：灯光的常用参数

灯光的参数设置灵活多变。通过参数设置，可以调整灯光的色彩、亮度，以及阴影效果等。除了"天光"，其余 7 种灯光的参数基本一致。下面重点介绍其中的一些常用参数。

1.【常规参数】卷展栏

【常规参数】卷展栏用于设置灯光的一般属性，包括灯光及阴影效果的开启、对象的排除等，如图 6-19 所示。

【常规参数】卷展栏的主要参数如下：

启用 打开和关闭灯光。

当【启用】复选框被选择时，灯光即被打开，反之，取消对【启用】复选框的选择后，灯光即被关闭。被关闭的灯光在视图中以黑色图标显示。

图6-19 【常规参数】卷展栏

阴影 其中的【启用】复选框用于打开和关闭阴影。【启用】复选框下面的阴影类型下拉列表中，提供了高级光线跟踪、mental ray 阴影贴图、区域阴影、阴影贴图、光线跟踪阴影 5 种阴影类型。

高级光线跟踪 高级光线跟踪阴影与光线跟踪阴影类似，同时，高级光线跟踪还提供了抗锯齿控件，可以通过这一控件微调光线跟踪阴影的生成方式。

mental ray 阴影贴图 该阴影类型与 mental ray 渲染器一起使用。如果选中该阴影类型但使用默认扫描线渲染器，则渲染时将不会显示阴影。

区域阴影　区域阴影模拟灯光在长方形、圆形、长方体形、球形等不同的区域或体积上生成的阴影。

阴影贴图　阴影贴图是默认的阴影类型，能够产生较柔和的阴影效果，并且渲染速度较快，缺点是不会显示透明或半透明对象投射的颜色，因此不能反映物体的透明效果。如图 6-20 的左图所示，虽然玻璃球具有透明质感，但其阴影却没有反映出透明效果。

阴影贴图的阴影效果　　　　　　　　　　光线跟踪阴影的阴影效果

图6-20　不同阴影类型产生的阴影效果

光线跟踪阴影　光线跟踪阴影始终能够产生清晰的阴影边界，同时还可以产生能够反映材质透明属性的真实的阴影效果，但选择该类型的阴影将降低渲染速度。如图 6-20 的右图所示，光线跟踪阴影把玻璃球的透明质感真实地反映了出来。

排除　设置灯光是否照射某个对象。单击该按钮可以打开【排除/包含】对话框。

2．【强度/颜色/衰减】卷展栏

【强度/颜色/衰减】卷展栏用于设置灯光的强度、灯光的颜色和衰减效果，如图 6-21 所示。

【强度/颜色/衰减】卷展栏的主要参数如下：

倍增　设置系统设定的光源本身亮度的倍增值。通过调整倍增值可以使灯光变暗或变亮，该值小于 1 时将减小亮度，该值大于 1 时将增大亮度。

灯光的默认颜色为白色，单击【倍增】右边的颜色块，可在弹出的颜色选择对话框中设置灯光的颜色。

衰退　设置衰退类型。

近距衰减　用于设置灯光从照明开始处到照明达到最亮处之间的距离。选择该栏中的【使用】复选框后，即可产生近距衰减效果。

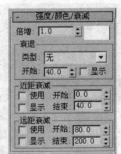

图6-21　【强度/颜色/衰减】卷展栏

远距衰减　用于设置灯光从照明开始处到完全没有照明处之间的距离。选择该栏中的【使用】复选框后，即可产生远距衰减效果。

灯光衰减示意图如图 6-22 所示。

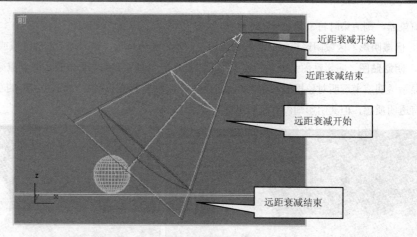

近距衰减开始

近距衰减结束

远距衰减开始

远距衰减结束

图6-22　灯光衰减示意图

在现实生活中，光线穿过空气时会自动产生衰减现象，所以，离光源越近，光线就越强烈，随着与光源距离的增大，光线就越来越弱。而在 3ds Max 中，灯光的照射强度与距离是没有关系的，如果想产生真实的有距离感的光照效果，就可通过设置灯光的衰减参数来实现。

3.【高级效果】卷展栏

【高级效果】卷展栏用于设置灯光照射在物体表面上的明暗对比度，以及一些照射表面特效，如图 6-23 所示。

【高级效果】卷展栏的主要参数如下：

影响曲面　设置灯光照射物体表面时的相关参数。其中的【对比度】参数表示当光源照射在物体表面时，所形成的受光面和阴暗面的对比强度，该参数可以用来制作刺眼的灯光效果。【柔化漫反射边】参数用于设置光源照射在物体表面时光线的柔和程度。

图6-23　【高级效果】卷展栏

图 6-24 显示了【对比度】值分别为 0 和 80 时的聚光灯照射效果。

对比度=0

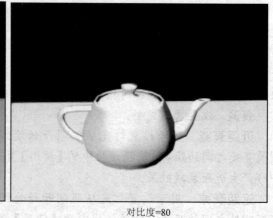

对比度=80

图6-24　【对比度】参数对灯光照射效果的影响

投影贴图　可设置沿着灯光的照射方向投影出指定图像，单击其中的【无】按钮即可选择想要投影的贴图。投影贴图的效果如图 6-25 所示。

图6-25　聚光灯产生的投影贴图

4.【阴影参数】卷展栏

【阴影参数】卷展栏用于设置灯光所投射的阴影效果，如图 6-26 所示。

【阴影参数】卷展栏的主要参数如下：

颜色　该选项用于设置阴影的颜色。默认的颜色是黑色，单击【颜色】右边的颜色块即可打开【颜色选择器】对话框，可以在对话框中将阴影设置成任何颜色。

图6-26　【阴影参数】卷展栏

密度　该数值框用于调整阴影颜色的浓度。当【密度】为 0 时，不产生阴影；当【密度】取正值时，值越大颜色越浓；当【密度】取负值时，产生的阴影颜色与设置的阴影颜色相反。如图 6-27 所示显示了不同密度值下产生的阴影效果。

密度=1

密度=0.3

图6-27　【密度】参数对阴影效果的影响

　　贴图　该选项用于设置图形效果的阴影，单击【贴图】右边的【无】按钮，即可在弹出的【材质/贴图浏览器】中指定位图。如图 6-28 所示，贴图阴影使玻璃茶壶的透明效果更加逼真。

图6-28   贴图阴影

灯光影响阴影颜色   选择该复选框后，将使阴影的颜色显示为灯光颜色和阴影颜色的混合效果。

图6-29   【阴影贴图参数】卷展栏

5.【阴影贴图参数】卷展栏

【阴影贴图参数】卷展栏通过设置阴影与物体的位置关系等参数，来产生形象逼真的阴影效果，如图 6-29 所示。

【阴影贴图参数】卷展栏的主要参数如下：

偏移   用于设置物体与阴影之间的距离。【偏移】值越大，阴影离物体的距离就越远。如图 6-30 所示显示了【偏移】分别为 1 和 20 时的阴影效果。

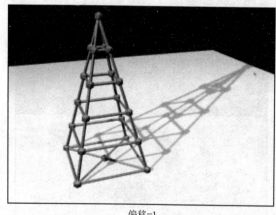

偏移=1   偏移=20

图6-30   【偏移】参数对阴影效果的影响

大小   设置阴影贴图的大小。

采样范围   设置阴影边缘的模糊程度，【采样范围】的值越大，阴影就越模糊。如图 6-31 所示显示了【采样范围】分别为 2 和 18 时的阴影效果。

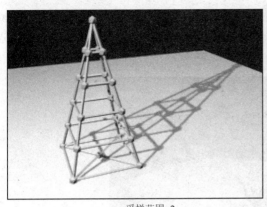 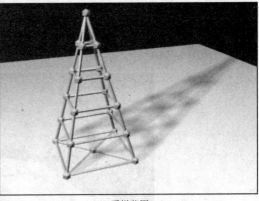

采样范围=2 采样范围=18

图6-31 【采样范围】参数对阴影效果的影响

6. 光域

聚光灯和平行光还有一个参数相同的卷展栏，即聚光灯的【聚光灯参数】卷展栏与平行光的【平行光参数】卷展栏。【聚光灯参数】卷展栏如图 6-32 所示，可在其中设置灯光区域大小、衰减区大小、光源区域的形状等参数。

【聚光灯参数】卷展栏的主要参数如下：

显示光锥 选择该复选框后，聚光灯在各个视图中将以

图6-32 【聚光灯参数】卷展栏

能够表示光照范围的锥形框显示。

泛光化 选择该复选框后，将使聚光灯变成点光源，就像取下灯罩的灯泡，灯光将向四周散射。激活【泛光化】选项后，聚光灯的投影边界将会消失，整个场景都被照亮。

聚光区/光束 该数值框用于设置灯光照射范围内光线最强的区域的大小。

衰减区/区域 该数值框用于设置聚光区以外光线从强到弱的区域的大小。

聚光灯和平行光投影边界是清晰还是柔和，取决于【聚光区】和【衰减区】两个参数的大小。当这两个参数值非常接近时，聚光灯或平行光投影边界就会很清晰；而这两个参数值相差较大时，聚光灯或平行光投影边界就会变得柔和，如图 6-33 所示。

聚光区=43，衰减区=45 聚光区=38，衰减区=60

图6-33 【聚光区】和【衰减区】两个参数对投影边界的影响

圆和矩形　这一组单选按钮用于设置聚光灯照射区域的形状是呈圆形还是呈矩形。在默认的情况下，聚光灯的照射区域呈圆形。当选择【矩形】选项后，聚光灯的照射区域就变成了矩形，如图 6-34 所示。

图6-34　选择【矩形】选项后聚光灯的照射效果

6.1.4　知识链接2：常用布光法

灯光的布置对三维场景的最后渲染效果有较大的影响，好的灯光设计使整个场景更具感染力，更为真实可信。初学者在布置灯光时常常喜欢创建很多个光源，以使场景显得明亮。但是，过多的光源会使光线无序，同时也会影响渲染速度。实际上，只要合理安排光源的位置，即使是少量的光源也会产生很好的光照效果。

最传统也是最易掌握的一种布光法是三角形布光法，即在场景中布置主灯、辅助灯和背灯 3 个灯，这 3 个灯的位置一般排列成三角形，如图 6-35 所示。

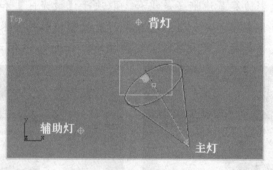

图6-35　三角形布光法

（1）主灯

主灯提供场景的主要照明，用来照亮大部分的场景和场景中对象的主要部分，也是产生阴影的主要光源。主灯常与摄像机设置为同一个角度。

（2）辅助灯

辅助灯位于主灯的另一侧，用来照射主灯没有照射到的黑暗区域，以减少场景中光照的反差，使光的过渡更为自然。辅助灯的亮度低于主灯，一般为主灯亮度的一半左右。

（3）背灯

背灯常放置在场景主体的后上方，它的亮度也应小于主灯。背灯用来加强目标造型的轮廓，同时也增加场景的纵深感。

6.2　任务17：透过窗户的阳光——使用体积光

6.2.1　预备知识：体积光

体积光是 3ds Max 提供的一种大气特效之一，它能够使聚光灯、泛光灯和方向灯不仅仅起到照亮场景的作用，而且灯光本身也能以雾状光晕的形式显现出来。体积光根据灯光与大气（雾、烟等）的相互作用提供灯光效果，它可以使泛光灯产生径向光晕，使聚光灯产生锥形光晕，使平行光产生平行雾光束等效果，这三种灯光的效果分别如图6-36、图6-37、图6-38所示。

图6-36　泛光灯的体积光效果

图6-37　聚光灯的体积光效果

图6-38　平行光的体积光效果

通常，可以用体积光来模拟光线穿过尘埃或雾时产生的各种效果。例如，夜晚手电筒或探照灯产生的光柱，光芒透过缝隙等。

6.2.2　任务实施

 任务目标

理解体积光的特点，掌握体积光的设置方法。

 任务描述

本任务将利用能够产生光晕的体积光，使从窗外照进室内的阳光产生可见光束，并形成空气中烟雾飘浮的动画。具体效果请参见本书配套光盘上"任务相关文档"文件夹中的文件"任务 17.max"和"任务 17.avi"，其静态渲染效果如图 6-39 所示。

通过本任务的实作，介绍体积光的实现方法。

图6-39　透过窗户的阳光

 制作思路

① 对模拟太阳光的平行光应用体积光，使平行光产生可见的光束。

② 对体积光启用噪波，并设置噪波的动画，形成烟雾飘浮的效果。

操作步骤

1. 创建平行光

（1）启动 3ds Max 2009 后，打开本书配套光盘上"场景"文件夹中的文件"场景 6-2.max"。该文件提供了一个室内场景。

（2）创建平行光。打开【创建】→【灯光】命令面板，单击【目标平行光】命令，在前视图中创建一个目标平行光。参照图 6-40 所示，调整平行光的照射方向和角度，使之从窗外照进室内。

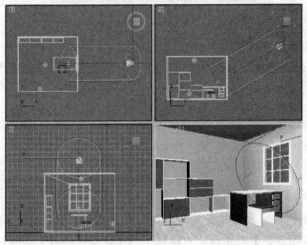

图6-40　创建平行光

（3）调整平行光的参数。选定平行光后，打开【修改】面板，在【常规参数】的【阴影】栏中，勾选【启用】。

（4）渲染 Camera01 视图，效果如图 6-41 所示。

图6-41　设置体积光之前的灯光效果

2. 给平行光添加体积光

（1）确认平行光被选定，在命令面板的【大气和效果】卷展栏中，单击【添加】按钮，弹出图 6-42 所示的【添加大气或效果】对话框。

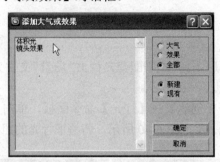

图6-42　【添加大气或效果】对话框

（2）在对话框中选择【体积光】，然后单击【确定】按钮。

（3）渲染 Camera01 视图，效果如图 6-43 所示，可以看到平行光的光束。

 提示

设置了体积光之后，只有渲染透视图或摄像机视图，才能渲染出体积光效果，而渲染正视图（如顶视图、前视图、左视图等）和用户视图，则不能渲染出体积光效果。

3．调整体积光的参数

（1）调整体积光的密度。在【大气和效果】卷展栏中，选择【体积光】，然后单击【设置】按钮打开【环境和效果】对话框。对话框中的【体积光参数】卷展栏如图 6-44 所示，可在其中设置体积光的有关参数。

图6-43　为平行光添加体积光之后的效果图

图6-44　【体积光参数】卷展栏

（2）在【体积光参数】卷展栏中，将【密度】参数的值设置为 8。渲染 Camera01 视图，可以看出平行光发出的光束变得浓了一些，如图 6-45 所示。

图6-45　增大体积光密度后的效果

（3）为体积光添加噪波。在【体积光参数】卷展栏的【噪波】栏中，勾选【启用噪波】。再将类型设置为【湍流】，将大小设置为 10。渲染 Camera01 视图，可以看到平行光光束中的雾状光斑，如图 6-46 所示。

图6-46　设置【噪波】参数后的体积光效果

（4）制作烟雾浮动的动画。单击动画控制区中的【自动关键点】按钮，进入动画录制状态。向右拖动左视图下方的时间滑块到第 100 帧的位置。在【体积光参数】卷展栏的【噪波】栏中，将【相位】设置为 2。再次单击【自动关键点】按钮，结束动画的录制。

4．渲染动画

（1）激活 Camera01 视图，单击工具栏上的【渲染设置】按钮 ，在【渲染设置】对话框的【时间输出】栏中，选择【活动时间段】选项；在【输出大小】栏中，单击【640×480】

按钮；在【渲染输出】栏中，单击【文件】按钮，再在弹出的对话框中选择要保存动画文件的路径，并输入动画文件的文件名"任务 17.avi"，然后单击【保存】按钮返回【渲染设置】对话框。最后单击对话框底部的【渲染】按钮，开始逐帧渲染动画。

（2）动画渲染完成后，关闭【渲染设置】对话框。

（3）观看动画文件的效果。选择【文件】→【查看图像文件】菜单，在弹出的对话框中选择刚才生成的动画文件"任务 17.avi"，再单击【打开】按钮，即可观看到动画效果。

6.2.3　知识链接：体积光的参数

1．另一种设置体积光的方法

在"任务 17"中所设置的体积光是在【修改】命令面板的【大气和效果】卷展栏中进行的。除此之外，还可以通过【渲染】→【环境】菜单来设置体积光。具体操作步骤如下：

（1）在视图中创建了灯光（可以是聚光灯，也可以是泛光灯或平行光）之后，选择【渲染】→【环境】菜单，弹出【环境和效果】对话框，其中的【大气】卷展栏如图 6-47 所示。

（2）单击【大气】卷展栏中的【添加】按钮，弹出【添加大气效果】对话框，如图 6-48 所示，在列表栏中选择【体积光】后，单击【确定】按钮。这时，在【大气】卷展栏的【效果】列表中，即显示出已添加的体积光，同时，在【大气】卷展栏的下方，增加了一个【体积光参数】卷展栏。

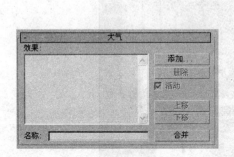

图6-47　【大气】卷展栏

图6-48　【添加大气效果】对话框

（3）在【体积光参数】卷展栏中，单击【灯光】栏中的【拾取灯光】按钮，然后将光标移到视图中，单击想要应用体积光的灯光即可。

（4）在【体积光参数】卷展栏中，根据需要设置体积光的相关参数，最后关闭【环境和效果】对话框。

2．体积光的常用参数

拾取灯光　单击该按钮后，再在视图中单击某个灯光，即可启用该灯光的体积光效果。

移除灯光　单击该按钮，即可取消应用于某个灯光的体积光效果。

雾颜色　设置组成体积光的雾的颜色。单击色块可设置雾颜色。

　　衰减颜色　体积光经过灯光的近距衰减距离和远距衰减距离，将从"雾颜色"渐变到"衰减颜色"。单击色块可设置衰减颜色。

　　密度　设置体积光中雾的密度。该值越大，从体积光中反射的灯光就越多。

　　噪波　设置启用和禁用噪波，以及噪波的类型、数量、大小等。其中的相位参数可用于设置体积光中雾的动画效果。

6.3　拓展训练

6.3.1　路灯光效

 训练内容

　　为场景中的路灯设置照明效果（具体效果请参见本书配套光盘上"实训"文件夹中的文件"实训 6-1.max"），其渲染效果如图 6-49 所示。

图6-49　路灯的照明效果

 训练重点

　　① 创建聚光灯和泛光灯。
　　② 调整聚光灯的照射角度和泛光灯的位置。
　　③ 设置聚光灯的聚光区和衰减区。
　　④ 设置作为辅助照明的泛光灯的亮度。

 操作提示

　　（1）启动 3ds Max 2009 之后，打开本书配套光盘上"场景"文件夹中的文件"场景6-3.max"。该文件提供的场景如图 6-50 所示。

　　（2）打开【创建】→【灯光】命令面板，单击目标聚光灯按钮，在视图中创建一个目标聚光灯，并将其位置调整至路灯处，如图 6-51 所示。

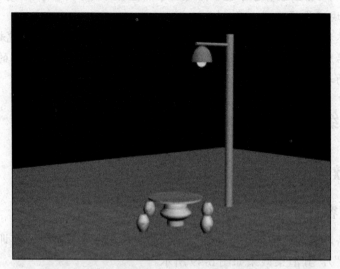

图6-50　设置灯光效果之前的场景

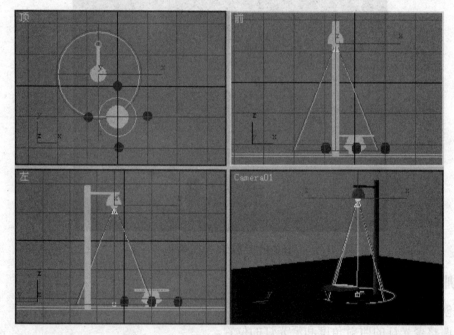

图6-51　聚光灯的位置

（3）设置聚光灯参数。确认聚光灯的光源被选择，打开【修改】命令面板，在【聚光灯参数】卷展栏中，选择【显示光锥】复选框，使表示聚光灯聚光区和衰减区的锥形线框显示出来。再在【聚光灯参数】卷展栏中，将【聚光区】的值设置为30，将【衰减区】的值设置为100。在【常规参数】卷展栏中，勾选【阴影】栏中的【启用】复选框。

（4）创建泛光灯。打开【创建】→【灯光】命令面板，单击【泛光灯】按钮，在视图中创建一个作为辅助照明的泛光灯，其位置如图 6-52 所示。

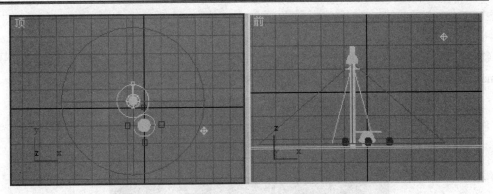

图6-52 泛光灯的位置

（5）确认泛光灯被选择，打开【修改】命令面板，在【强度/颜色/衰减】卷展栏中，将【倍增】参数的值设置为0.3。

6.3.2 烛光

 **训练内容**

"场景"文件夹的"场景 6-4.max"文件中，提供了一个蜡烛造型，这里，要求为蜡烛添加有光晕的火焰效果（具体效果请参见本书配套光盘上"实训"文件夹中的文件"实训6-2.max"），其渲染效果如图 6-53 所示。

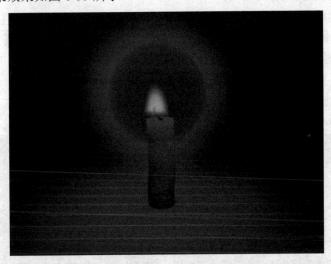

图6-53 烛光

 训练重点

① 创建泛光灯。

② 制作火焰特效。

③ 为泛光灯设置体积光效果。

④ 调整泛光灯的衰减参数。

操作提示

（1）启动 3ds Max 2009 之后，打开本书配套光盘上"场景"文件夹中的文件"场景6-4.max"，渲染 Camera01 视图，效果如图 6-54 所示。

图6-54　设置光效之前的场景

（2）制作蜡烛的火焰。单击【创建】命令面板中的【辅助对象】按钮 ，再在下拉列表中选择【大气装置】。这时，在【对象类型】卷展栏中出现了三个命令按钮，即：长方体 Gizmo、球体 Gizmo、圆柱体 Gizmo。

（3）单击【球体 Gizmo】按钮，然后把光标移到顶视图中，拖动鼠标生成一个球形线框。在命令面板的【球体 Gizmo 参数】卷展栏中，将半径设置为 8，并选择【半球】复选框。

（4）单击工具栏中的 按钮，将半球形线框移到蜡烛上方。再单击工具栏中的 按钮，在前视图中将半球形线框沿着 Y 轴适当放大，如图 6-55 所示。

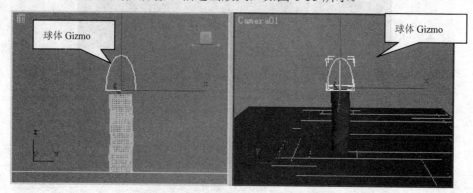

图6-55　球体Gizmo线框的形状和位置

（5）添加火焰特效。选择【渲染】→【环境】菜单，打开【环境和效果】对话框，在其中的【大气】卷展栏中单击【添加】按钮，再在弹出的对话框中选择【火效果】，并单击【确定】按钮。这时，【环境和效果】对话框的下半部即出现了【火效果参数】卷展栏，如图 6-56 所示。

（6）在 Gizmo 栏中，单击【拾取 Gizmo】按钮，再在视图中单击球体 Gizmo 线框。在【图形】栏中，设置火焰类型为【火舌】。再在【特性】栏中，将密度设置为 60。渲染 Camera01

视图，效果如图 6-57 所示。

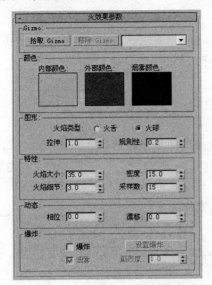

图6-56 【火效果参数】卷展栏

图6-57 火焰效果

下面，通过为泛光灯设置体积光效果，给燃烧的火焰加上光晕。

（7）打开【创建】→【灯光】命令面板，单击【泛光灯】按钮，在视图中创建两个泛光灯，将一个泛光灯移至蜡烛火焰的位置，如图 6-58 所示。将"泛光灯 2"的倍增值设置为 0.5。

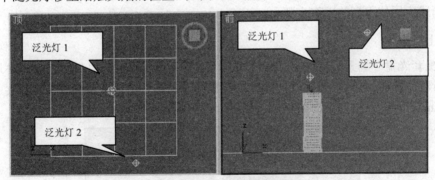

图6-58 两个泛光灯的位置

（8）选择位于蜡烛火焰处的泛光灯，打开【修改】命令面板，在【大气和效果】卷展栏中，为泛光灯设置体积光，并在【环境和效果】对话框中，将体积光的雾颜色设置为橙色，将密度设置为 4。

渲染 Camera01 视图，效果显示出一片橙色，这是因为没有应用泛光灯的衰减参数，因此在泛光灯光线所到达的范围内，全部呈现出橙色的体积光效果。

（9）设置泛光灯的衰减效果。确认火焰处的泛光灯被选择，在【修改】命令面板的【强度/颜色/衰减】卷展栏中，勾选【近距衰减】栏中的【使用】复选框，并将其中的【开始】和【结束】分别设置为 20 和 22。再勾选【远距衰减】栏中的【使用】复选框，并将其中的【开始】和【结束】分别设置为 25 和 40。

再次渲染 Camera01 视图，可以看到在蜡烛火焰的周围，出现了一圈橙色光晕。

习题与实训

一、填空题

1．3ds Max 2009 提供了 8 种类型的标准灯光，它们是：_____、_____、_____、_____、_____、_____、_____。

2．创建灯光应在_____命令面板中进行。

3．如果想将某些对象排除在灯光之外，则应在_____卷展栏中，单击_____按钮。

4．在室内场景中，通常使用_____来作为主灯，使用_____来作为辅助灯。

5．如果想使灯光产生阴影效果，则应该在_____卷展栏中，选择【阴影】栏下的_____复选框。

6．_____卷展栏中的【贴图】选项，用于设置贴图效果的阴影。

二、简答题

1．简述创建聚光灯的操作步骤。

2．怎样改变灯光的颜色？

3．简述应用体积光的操作步骤。

三、上机操作

本书配套光盘"场景"文件夹中的"场景 6-5.max"文件中，提供了一个室外场景，要求为场景设置白天阳光下的光效。具体效果请参见本书配套光盘上"实训"文件夹中的文件"实训 6-3.max"，其渲染效果如图 6-59 所示。

图6-59　室外场景光效

第7章 摄影机

---内容导读---

摄影机是 3ds Max 2009 中非常有用的工具，它就像人的眼睛一样，可以随意从不同的角度观察场景中的对象。创建摄影机之后可以将 4 个视图之一切换成摄影机视图，通过改变摄影机的位置和拍摄角度，或是变换摄影机的镜头和视域，就能从摄影机视图中观察到来自于同一场景的各种不同效果的构图画面。

在动画制作中，摄影机更是起着至关重要的作用，特写镜头、长镜头等都是通过摄影机来实现的。

本章重点介绍 3ds Max 2009 中摄影机的的建立和相关参数的功能。

---知识要点---

① 摄影机的类型。
② 摄影机的建立和调整。
③ 常用摄影机参数。
④ 景深特效。

---任务一览---

任务 18：一个室内场景 —— 使用摄影机取景
任务 19：特写镜头 —— 摄影机景深特效

7.1 任务18：一个室内场景——使用摄影机取景

7.1.1 预备知识：3ds Max 2009 的摄影机类型

3ds Max 2009 提供了两种类型的摄影机，即：目标摄影机和自由摄影机。目标摄影机由摄影机和目标点构成，自由摄影机则只有摄影机，没有目标点。

在 命令面板中，单击 按钮，即可打开创建摄影机的命令面板，在其中的【对象类型】卷展栏中，列出了两个用于创建不同类型摄影机的命令，如图 7-1 所示。

图7-1 【创建】→【摄影机】命令面板

在视图中创建了摄影机之后，按 C 键即可使当前视图切换成摄影机视图。通常是将透视图切换为摄影机视图。

7.1.2 任务实施

 任务目标

① 了解 3ds Max 2009 中摄影机的类型。
② 掌握创建目标摄影机的方法，能够调整摄影机的观察视角。
③ 掌握摄影机的常用参数。
④ 了解摄影机视图控制按钮的功能。

 任务描述

在一个室内场景中创建目标摄影机，并通过调整摄影机的位置和角度，形成室内场景的一个较佳拍摄画面，如图 7-2 所示。具体效果请参见本书配套光盘上"任务相关文档"文件夹中的文件"任务 18.max"。

图7-2　一个室内场景

 制作思路

　　首先在场景中创建一个目标摄影机并打开摄影机视图，然后调整摄影机的位置和拍摄角度，通过摄影机视图获得最佳视觉效果。

 操作步骤

1．创建目标摄影机

　　（1）打开场景文件。启动 3ds Max 2009 后，打开本书配套光盘上"场景"文件夹中的文件"7-1.max"。该文件提供了一个书房场景。

　　（2）建立目标摄影机。单击屏幕右边【创建】命令面板下方的摄影机按钮，打开创建摄影机的命令面板。单击【对象类型】卷展栏中的【目标】命令按钮，使之变成黄色显示。

　　（3）把光标移到顶视图的左下角，此时，光标变成十字形状。按下鼠标左键后，向顶视图的中心处拖动鼠标，以确定摄影机的目标点，最后，在合适的位置放开鼠标左键，使创建好的目标摄影机在顶视图中的位置和方向如图 7-3 所示。

　　注意观察视图中出现的目标摄影机的图形符号，其中，位于摄影机锥形图标顶端的是摄影机，另一端则是以小矩形框表示的目标点。摄影机与目标点之间以一条直线相连。

　　（4）单击透视图，再按 C 键，这时透视图即变成了摄影机视图。其左上角显示出的视图名称"Camera01"，即为刚才创建的目标摄影机的名称。

　　从摄影机视图中可以看出，此时的摄影机拍摄的是地平面，拍摄的角度和位置都不合适。一般摄影机创建后都需要进行位置的调整。下面，通过摄影机和目标点，来调整摄影机的拍摄角度。

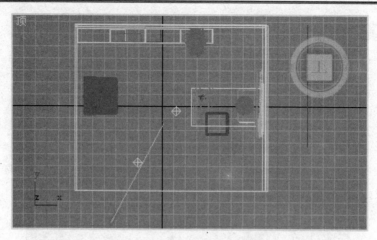

图7-3　顶视图创建的目标摄影机

2. 调整摄影机的位置

（1）单击工具栏中的【选择并移动】按钮 ✛，在前视图或左视图中，单击选中摄影机和目标点之间的连线，然后向上移动，使摄影机和目标点同时向上移动。在移动摄影机的过程中，注意观察 Camera01 视图，当摄影机的位置发生变化时，摄影机视图中的画面也随着改变。

（2）确认工具栏中的【选择并移动】按钮 ✛ 已按下，在顶视图单击目标点，拖动鼠标，同时注意观察摄影机视图，调整目标距离和拍摄方向，以便获得最佳构图效果，如图 7-4 所示。

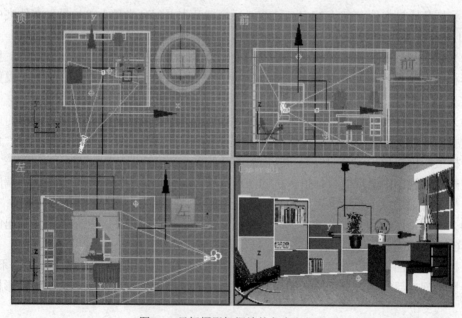

图7-4　目标摄影机摆放的角度和位置

（3）单击 Camera01 视图后，再单击工具栏中的【渲染产品】按钮 ⬤，渲染摄影机视图，效果如图 7-2 所示。

7.1.3　知识链接 1：摄影机的常用参数

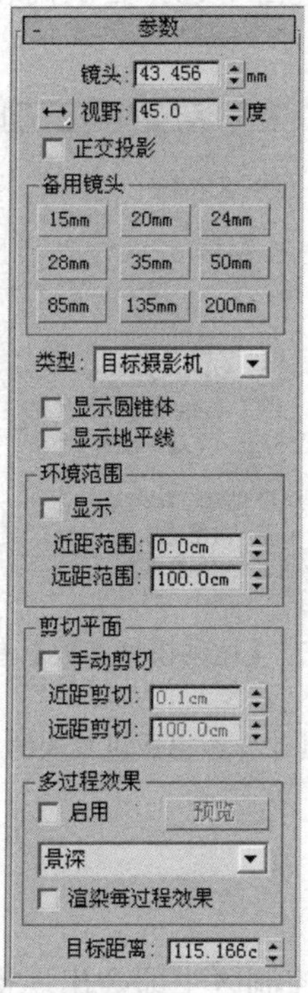

图7-5　摄影机的【参数】卷展栏

选择摄影机之后，单击命令面板上方的 按钮，即可在【修改】命令面板中设置和调整摄影机的有关参数。综合运用各种参数，可以实现传统照相机或摄影机的大多数功能，例如：变焦、广角镜头、望远镜头、景深等。

目标摄影机与自由摄影机的参数基本相同，本节将以使用较多的目标摄影机为例，介绍摄影机的常用参数。

摄影机的【参数】卷展栏如图 7-5 所示。【参数】卷展栏的常用参数如下：

镜头、视野　设置摄影机的镜头尺寸和视野角度。

镜头和视野可以说是摄影机最常用也是最重要的两个参数，它们直接关系到摄影机视图的画面效果。镜头的单位是 mm（毫米），视野的单位是度，这两个参数是相关的，它们成反比关系，即：镜头尺寸越小的摄影机，其视野越大，这就意味着能看到场景中更多的东西；反之，镜头尺寸越大，则视野就越小。当改变镜头参数的大小时，视野参数值会随之自动改变，反之亦然。

不同尺寸的镜头有不同的特点。默认的镜头尺寸为 43.456mm，相应的视野为 45°，这与人的正常视野相近。尺寸小于 43.456mm 的镜头可以产生比人的正常视野更宽阔的视野范围，这种镜头称为广角镜头，通过广角镜头看到的画面具有夸张的透视效果。广角镜头非常适合拍摄广阔的场景。尺寸在 48mm 以上的镜头可以拉近远处的场景，这种镜头称为长焦镜头或望远镜头。

在同一场景中，保持摄影机的位置和拍摄方向不变，而只变换镜头或视域，将会产生效果迥异的拍摄画面，如图 7-6 所示。

镜头=28mm　　　　镜头=50mm

图7-6　不同镜头的摄影机的拍摄效果

备用镜头　提供系统预设的一组标准摄影机镜头。在【备用镜头】栏中，列出了从 15mm

到 200mm 共 9 种摄影机镜头，直接单击标有镜头尺寸值的按钮，即可快速将镜头设置为指定值。

显示圆锥体　选择该复选框后，即使取消了对摄影机的选择，视图中也会显示代表该摄影机视域的锥形图标。

显示地平线　选择该复选框后，摄影机视图中会显示出一条地平线，该地平线可作为取景的参考。

剪切平面　用于设置摄影机的切片效果。

手动剪切　以手动的方式来设定摄影机的切片功能。

近距剪切　设置摄影机切片作用的最近范围，物体在此范围之内的部分不会显现于摄影机的场景中。

远距剪切　设置摄影机切片作用的最远范围，物体在此范围之外的部分不会显现于摄影机的场景中。

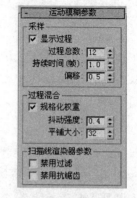

图7-7　【运动模糊参数】卷展栏

多过程效果　该选项的作用是对同一帧画面进行多过程渲染，最后准确得到摄影机的景深效果或运动模糊效果。选择【多过程效果】栏中的【启用】复选框，即可启动下面列表栏中的景深特效或运动模糊特效，其参数卷展栏如图 7-7 所示。在后面"7.2 节"的"任务 19"中，将具体介绍摄影机景深的实现方法。

7.1.4　知识链接2：摄影机视图的调整控制按钮

单击摄影机视图使之成为当前视图后，屏幕右下方的视图调整控制区中即会出现摄影机视图的调整控制按钮，如图 7-8 所示。

图7-8　摄影机视图的调整
　　　　控制按钮

1. ⊕**推拉摄影机按钮组**

该按钮组中包含以下 3 个按钮：

（1）⊕　推拉摄影机按钮

该按钮的作用是沿着目标点与摄影机的连线推动摄影机，在推动过程中，画面的透视效果保持不变，而只是改变拍摄景物的远近效果。使用该按钮，可以制作出景物由近渐远或由远及近的动画。

（2）⊕　推拉目标按钮

该按钮的作用是沿着目标点与摄影机的连线推动目标点，在推动目标点的过程中，摄影机视图保持不变。实际上，改变目标点的距离也就改变了默认的聚焦平面的距离，在运用景深效果时，可使用 ⊕ 按钮直观地调整聚焦平面。

（3）⊕　推拉摄影机+目标按钮

该按钮的作用则是同时推动摄影机和目标点。

2. ▽**透视按钮**

该按钮的作用是对摄影机的镜头尺寸和视野进行微调，在保持拍摄主体不变的情况下，改变摄影机视图的透视效果。

3. ⟳ **侧滚摄影机按钮**

该按钮的作用是通过摇动摄影机，使摄影机视图产生水平面上的倾斜。

4. ▷ **视野按钮**

该按钮的作用是改变摄影机视野的角度大小。

5. ⟳ **环游摄影机按钮组**

该按钮组中包含以下 2 个按钮：

👁 **环游摄影机按钮**

该按钮的作用是以目标点为轴心转动摄影机。

⟳ **摇移摄影机按钮**

该按钮的作用是以摄影机为轴心，转动摄影机的目标点。

7.2 任务19：特写镜头——摄影机景深特效

7.2.1 预备知识：摄影机的景深参数

【景深参数】卷展栏如图 7-9 所示。【景深参数】卷展栏的常用参数如下：

焦点深度 设置摄影机到聚焦平面的距离。

如果选择了【使用目标距离】复选框，那么聚焦深度就使用【参数】卷展栏末尾的【目标距离】值。如果取消了对【使用目标距离】复选框的选择，则可以在后面的【焦点深度】数值框中自行设置聚焦深度。

显示过程 选择该复选框，则可观察到多过程渲染时每一次的渲染效果，从而看到景深特效的叠加产生过程。如果不选择该复选框，则是在多过程渲染全部完成之后，再显示出渲染的效果。

使用初始位置 选择该复选框，多过程渲染的第一次渲染就从摄影机的当前位置开始。否则，则根据采样半径中设置的数值来确定第一次渲染的位置。

过程总数 设置多过程渲染的总次数。过程总数的值越大，景深特效图像的质量就越好，但渲染所花费的时间也就越长。

采样半径 设置摄影机从原始位置移动的距离。采样半径的值越大，渲染得到的图像就越模糊，景深效果也就越明显。需要注意的是，如果采样半径的值太大，则会使渲染图像发生变形。

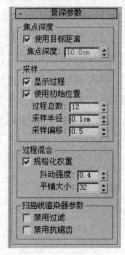

图7-9 【景深参数】卷展栏

7.2.2 任务实施

 **任务目标**

① 了解景深特效的特点。
② 掌握设置景深特效的方法。

任务描述

使用摄影机【景深参数】卷展栏中的相关参数，制作出具有景深特效的画面——书房摆件特写镜头，如图 7-10 所示。具体效果请参见本书配套光盘上"任务相关文档"文件夹中的文件"任务 19.max"。

图7-10　书房场景特写

 制作思路

聚焦平面的远近可以通过【景深参数】卷展栏的【焦点深度】进行设置，景深模糊程度可以通过【采样半径】进行设置。

 操作步骤

1．创建摄影机

（1）启动 3ds Max 2009 之后，打开本书配套光盘上"场景"文件夹中的文件"7-1.max"。

（2）打开【创建】→【摄影机】命令面板，在顶视图中创建一个目标摄影机。

（3）激活透视图，按 C 键使该视图切换成摄影机视图。

（4）调整摄影机的位置。单击工具栏中的【选择并移动】按钮，在视图中移动摄影机和目标点的位置，使摄影机对准笔筒近距离拍摄，Camera01 视图的渲染效果如图 7-11 所示。可以看出，整个场景都显得非常清晰。

图7-11　设置景深参数之前的渲染效果

2．启用景深特效

（1）在视图中选择摄影机，单击命令面板上面的修改按钮 ![icon]，进入【修改】命令面板。

（2）在【参数】卷展栏中，选择【多过程效果】栏内的【启用】复选框。

（3）单击【启用】复选框右边的【预览】按钮，并注意观察 Camera01 视图。

3．设置景深参数

（1）在【景深参数】卷展栏中，将【预览】栏中的【采样半径】值设置为 0.9，再在【参数】卷展栏的【多过程效果】栏内单击【预览】按钮，这时，从 Camera01 视图中可以看出，离摄影机较远的植物等景物变得模糊了。渲染 Camera01 视图，效果如图 7-10 所示。

（2）在【景深参数】卷展栏中，再将【采样半径】改变成 5，然后在【参数】卷展栏中，单击【多过程效果】栏内的【预览】按钮，这时，Camera01 视图的模糊程度加强了，景深效果变得更加明显，其渲染结果如图 7-12 所示。

图7-12　采样半径为5的景深效果

注意观察【景深参数】卷展栏中【焦点深度】栏的参数设置，在默认的情况下启用了【使用目标距离】选项，因此聚焦平面位于摄影机的目标点处。

（3）改变焦点深度的参数值。在【景深参数】卷展栏中，取消对【使用目标距离】复选框的选择，并将【焦点深度】设置为 230。在【参数】卷展栏中，单击【多过程效果】栏内的【预览】按钮，注意观察 Camera01 视图的变化，离摄影机较近的笔筒变得模糊了，而离摄影机较远的植物则非常清晰。Camera01 视图的渲染效果如图 7-13 所示。

图7-13　焦点深度值增大的景深效果

7.3　拓展训练

7.3.1　室外画面

　**训练内容**

在本书配套光盘上"场景"文件夹内"7-2.max"文件提供的场景中，创建一个目标摄影机，通过调整摄影机的拍摄方向、角度和镜头尺寸，分别产生室外场景的全景图、近景图，通过设置景深参数，产生具有景深效果的渲染图（具体效果请参见本书配套光盘上"实战"文件夹中的文件"7-1(a).jpg"、"7-1(b).jpg"、"7-1(c).jpg"、"7-1(d).jpg"，其渲染效果如图 7-18 所示。

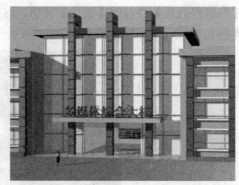

图7-14（a）镜头：43广角镜头　　　　图7-14（b）镜头：85长焦镜头

图7-14（d）　未启用景深特效　　　　图7-14（d）　采样半径=15厘米的景深特效

　训练重点

① 创建目标摄影机。
② 调整摄影机的拍摄角度和方向。
③ 设置摄影机的景深效果。

　操作提示

（1）启动 3ds Max 2009 之后，打开本书配套光盘上"场景"文件夹中的文件"7-2.max"，该场景中有一室外场景，如图 7-15 所示。

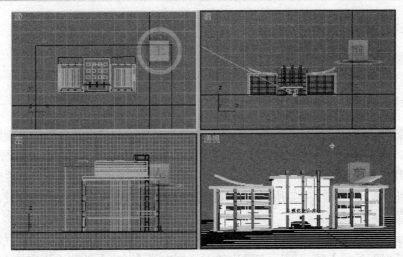

图7-15　室外场景

（2）创建目标摄影机。打开【创建】→【摄影机】命令面板，单击其中的【目标】命令按钮，在顶视图中创建一个目标摄影机。单击透视图使之成为当前视图，再按 C 键将其切换成摄影机视图。

（3）产生场景的全景图。单击工具栏中的 按钮，在视图中调整目标点和摄像点的位置。并设置镜头为 43 毫米，达到图 7-14（a）所示效果。

（4）将镜头尺寸改为 85 毫米可以达到图 7-14（b）所示效果。

（5）重新调整摄影机的位置，到 7-14（c）的效果后，勾选【多过程效果】栏内的【启用】复选项，并选择下面的下拉列表项为【景深】。

（6）然后在【景深参数】卷展栏中，将【采样半径】值设置为 15。最后渲染 Camera01 视图，观察景深效果。

7.3.2　摄影机动画

训练内容

参照本书配套光盘上"实训"文件夹中的文件"实训 7-2.avi"，制作一个从全景到特写推进的摄影机动画，其静态渲染图如图 7-16 所示。

图7-16　笔筒特写镜头的推进

训练重点

① 摄影机视图控制按钮的使用。

② 动画的制作。

 操作提示

激活摄影机视图后，屏幕右下角的视图调整控制区中，会出现几个摄影机视图特有的调整控制按钮。使用其中的【推拉摄影机】按钮 可以制作拍摄镜头从全景到特写的动画。

（1）打开本书配套光盘上"场景"文件夹中的文件"7-1.max"，单击工具栏中的【选择并移动】按钮，参照图 7-17 所示，在视图中分别调整摄像点和目标点的位置，这也是摄影机在动画第 0 帧的状态。

（2）由于动画只是简单的推进动作，为了节约渲染时间可以把动画长度设置短些。单击屏幕底部的【时间配置】按钮，在弹出的对话框中将【长度】的值由原来的 100 改为 50，最后单击【确定】按钮。

（3）按下【自动关键点】按钮，使之变成红色，然后向右拖动左视图下方的时间滑块到第 50 帧的位置。

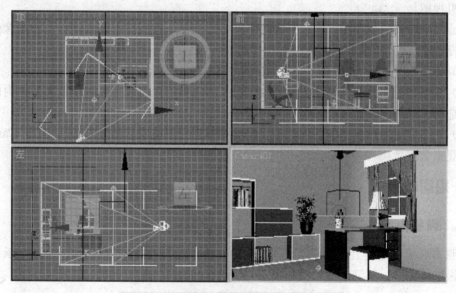

图7-17　摄影机在第0帧的位置和角度

（4）单击 Camera01 视图，再单击屏幕右下角的【推拉摄影机】按钮，使之变成黄色显示。

（5）把光标移到 Camera01 视图中，按下鼠标左键后向上拖动鼠标，注意观察摄影机视图，窗口达到图 7-16 所示效果，即可放开鼠标。

（6）单击【自动关键点】按钮使之变成灰色，结束动画的录制。

（7）单击动画控制栏中的 按钮，从 Camera01 视图中预览动画的效果。

习题与实训

（2）　填空题

1. 3ds Max 2009 提供了＿＿＿＿种类型的摄影机，即：＿＿＿＿＿＿＿＿和＿＿＿＿＿＿＿＿。

2. 创建摄影机时，先要打开＿＿＿＿＿＿＿＿＿＿＿＿命令面板。

3. 如果要修改目标摄影机的参数，则应选择＿＿＿＿＿＿＿＿＿＿＿，然后打开"修改"命令面板。

4. 创建了摄影机之后，可按＿＿＿＿＿＿＿＿＿＿＿＿键将当前视图切换为摄影机视图。

5. 如果要对摄影机视图运用景深特效，则应在摄影机的"参数"卷展栏中，激活＿＿＿＿＿＿＿＿＿＿＿复选框。

6. "景深参数"卷展栏中"采样半径"参数的作用是＿＿＿＿＿＿＿＿＿＿＿。

7. 按钮的名称是＿＿＿＿＿＿＿＿＿＿＿，按钮的作用是＿＿＿＿＿＿＿＿＿＿＿。

二、简答题

1. 改变摄影机镜头尺寸的方法有哪些？

2. 什么是广角镜头？广角镜头主要用于哪些场合？

3. 什么是望远镜头（长焦镜头）？望远镜头主要用于哪些场合？

4. 试谈你对摄影机特性的认识。

三、上机操作

参照本书配套光盘上"实训"文件夹中的文件"实训 7-3.avi"，使用【摇移摄影机】按钮制作环视动画。

第8章 动画制作

内容导读

3ds Max 2009 在动画制作方面保持了之前版本的技术。不仅可以实现简单的物体动作、场景变换、材质变化等类型动画，还可以实现较复杂的路径动画、连接运动，以及变形动画等。

本章将通过"任务20"了解动画的基本概念，学习制作基本动画；然后通过"任务21"、"任务22"和"任务23"进一步学习路径动画、链接技术、变形动画和材质动画的相关实现方法。

知识要点

① 关键帧动画、曲线编辑器（Track View）。
② 路径动画、链接技术。
③ 变形动画。
④ 材质动画。

任务一览

任务 20: 绕球旋转的文字——制作基本动画
任务 21: 飞舞的蝴蝶——路径动画
任务 22: 跳舞的字母——变形动画
任务 23: 闪烁的霓虹灯——材质动画

8.1 任务20：绕球旋转的文字——制作基本动画

8.1.1 预备知识：动画的有关概念

1. 帧

帧是指构成连续动画的每一幅单独的画面。当一组连续变化的画面以每秒 15 帧以上的速度播放时，就形成了动画的视觉效果。

2. 关键帧与关键点

一个动画是由一组画面构成的，在 3ds Max 中制作动画时，并不需要逐一制作出所有的画面，而只需设计出动作从一种状态变为另一种状态的转折点所在的画面，这种画面就是关键帧。两个关键帧之间的画面称为中间帧，3ds Max 将自动生成中间帧，从而得到一个动作流畅的动画。

关键帧记录场景内对象或元素每次变换的起点和终点，这些关键帧的值称为关键点。

需要注意的是，能够形成动画的因素不仅仅有对象位置的移动，实际上，在 3ds Max 中可以改变的任何参数，包括位置角度、大小比例、各类参数、材质特征等，都可以被设置成动画。

设置了关键帧之后，可以在时间轴上观察到关键点标记。移动对象产生的关键点标记为红色，旋转对象产生的关键点标记为绿色，缩放对象产生的关键点标记为蓝色。

3. 动画时间

时间是动画中的一个重要因素，不同的帧分布在时间轴上的不同位置。在默认的情况下，3ds Max 2009 的时间单位为帧，动画总长度为 100 帧，即从第 0 帧开始至第 100 帧结束，动画播放的速度（帧速率）为每秒 30 帧。从一个关键帧到下一个关键帧之间的帧数，即可反映一个动作变化成另一个动作所经历的时间长短，即动作的快慢。

单击动画控制区中的 ![按钮] 按钮，即可弹出 "时间配置" 对话框，在该对话框中可以设置帧速率和动画长度等时间参数。

"时间配置" 对话框中的常用参数如下。

帧速率 该参数栏用于设置动画的播放速度，其中包含以下 4 个选项。

NTSC 该选项表示采用美国录像播放制式标准，其帧速率为 30 FPS（帧/秒）。

电影 该选项表示采用电影播放制式标准，其帧速率为 24FPS。

PAL 该选项表示采用欧洲录像播放制式标准，其帧速率为 25FPS。

自定义 选择该选项后，即可在下面的 FPS 数值框中输入数值，自定义帧速率。

动画 该参数栏用于设置动画长度以及活动时间段等参数。

开始时间、结束时间 分别用于设置活动时间段的起始帧和终止帧。活动时间段是指当前可以访问的帧的范围，默认范围是从第 0 帧到第 100 帧。对于一个总帧数太多的动画，如果暂时只想处理其中的某一部分，那么为了方便操作，就可以将想要处理的这部分帧设置成活动时间段。

长度 在该数值框中可设置动画长度（动画包含的总帧数）。默认的动画总帧数为 101 帧。

8.1.2　任务实施

任务目标

① 理解 3ds Max 实现动画的原理。
② 理解关键帧动画的有关概念，掌握关键帧动画的制作方法。
③ 掌握变换物体轴心的方法。

任务描述

制作文字绕球旋转的动画。具体效果请参见本书配套光盘上"任务相关文档"文件夹中的文件"任务 20.max"和"任务 20.avi"，其静态渲染图如图 8-1 所示。

图8-1　文字绕球旋转动画

制作思路

① 球体是基本几何体，文字是经过弯曲处理的变形文字。
② 文字绕球体旋转，需要确定文字的旋转轴。
③ 为文字设置关键帧动画。

操作步骤

制作动画前的准备工作

（1）打开场景文件。启动 3ds Max 2009 之后，打开本书配套光盘上"场景"文件夹中的文件"场景 8-1.max"，其中已创建了一个球体和一组变形了的文字，如图 8-2 所示。也可以按照图 8-2 所示，自己创建这两个几何对象。

（2）设定文字旋转轴。首先选择文字，然后选择【层次】→【轴】→【仅影响轴】面板命令如图 8-3 所示，使用【选择并移动】按钮 ✛ 将图 8-4 所示的箭头由文字上移动到球的中心。设置完后关闭【仅影响轴】命令。

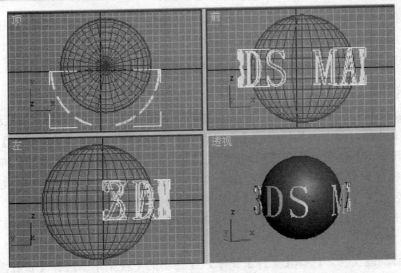

图8-2　文件8-1.max中的场景

图8-3　变换轴心命令

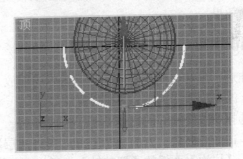

图8-4　文字轴心的移动

2．创建关键帧动画

（1）单击透视图下方的【自动关键点】按钮，使该按钮变成深红色，进入动画录制状态。

（2）设置角度锁定。用鼠标左键单击 ⚙ 按钮打开【栅格和捕捉设置】对话框，设置角度为 90 度，如图 8-5 所示。关闭对话框后，单击 ⚙ 按钮，锁定旋转角度。

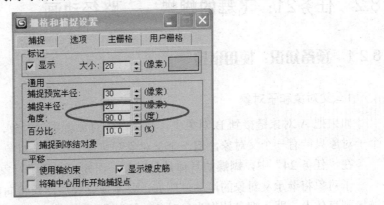

图8-5　【栅格和捕捉设置】对话框

（3）向右拖动透视图下方的时间滑块到第 100 帧，单击工具栏中的 ↻ 按钮，在顶视图中单击选择文字对象，将文字绕 Z 轴转动 360°。

（4）单击"自动关键点"按钮，使之恢复成灰色，结束动画的录制。

3．渲染动画

（1）预览动画。激活透视图，再单击屏幕右下方的【播放】按钮 ▶，预览动画效果。

（2）渲染动画。单击工具栏中的【渲染设置】按钮 ☺，弹出【渲染设置】对话框。在其中的【时间输出】栏中，选择【活动时间段】选项，在【渲染输出】栏中，单击【文件】按钮，在弹出的对话框中选择要保存动画文件的路径，并输入动画文件的文件名"任务 20.avi"，最后单击【保存】按钮返回【渲染设置】对话框。

（3）单击对话框底部的【渲染】按钮，开始逐帧渲染动画。动画渲染完成后，即可关闭【渲染设置】对话框。

（4）查看动画文件。选择【文件】菜单，在弹出的下拉菜单中选择【查看图像文件】命令。在弹出的对话框中选择刚才生成的动画文件"任务 20.avi"，再单击【打开】按钮，即可观看到动画效果。

8.1.3　知识链接：变换轴心的设置

对物体进行旋转、缩放（特别是动画中的缩放）、镜像等变换操作时，都应注意物体的轴心位置。改变物体变换轴心的操作方法如下：

（1）选择要改变轴心的物体。

（2）单击命令面板上方的 ⚒ 按钮，打开【层次】命令面板。

（3）在【层次】面板的【调整轴】卷展栏中，按下【仅影响轴】按钮，使之变成紫色显示。这时，所选物体的重心处，会出现以空心箭头显示的轴心标记。

（4）单击【选择并移动】按钮 ✛，拖动轴心标记到需要的位置处即可。

（5）完成轴心定位后，在命令面板的【调整轴】卷展栏中单击【仅影响轴】按钮，使之恢复成灰色，结束操作。

8.2　任务21：飞舞的蝴蝶——路径动画

8.2.1　预备知识：使用链接

1．父对象和子对象

如果把 A 对象链接到 B 对象上，那么，B 对象就是父对象，而 A 对象则是子对象。一个子对象只能有一个父对象，但一个父对象却可以有多个子对象。

在"任务 24"中，蝴蝶的身体是父对象，而翅膀则是子对象。

子对象将继承父对象的运动。例如，要实现蝴蝶煽动翅膀向前飞的动画，就可以把翅膀链接到身体上，即：把身体作为父对象，翅膀作为子对象，当身体运动时，翅膀会自动跟随着身体做相同的运动。

在两个对象之间建立了链接关系后，如果想取消这种链接关系，则可以按以下操作进行：

① 选择要取消链接关系的子对象。

② 再单击工具栏中的 按钮，即可。

2．层级

一个子对象同时也可以是另一个对象的父对象，即：可以把 A 对象链接到 B 对象上，再把 C 对象链接到 A 对象上。这种呈树状结构的多层链接关系，就称为层级。单击命令面板上方的 按钮，即可在层级面板中进行有关层级的操作。

3．正向运动

建立了两个对象之间的链接关系之后，首先设置父对象运动的动画，然后再设置子对象运动的动画，这样，子对象在跟随父对象运动的过程中，也保持着自身的运动。这种动画就称为正向运动的动画。

8.2.2　任务实施

任务目标

① 掌握变换轴心的操作方法。

② 掌握【轨迹视图-曲线编辑器】的使用。

③ 理解链接技术。

④ 能够制作路径动画。

任务描述

制作蝴蝶在花间飞舞的动画。具体效果请参见本书配套光盘上"任务相关文档"文件夹中的文件"任务 21.max"和"任务 21.avi"，其静态渲染图如图 8-6 所示。

图8-6　胡蝶在花间飞舞动画

制作思路

① 打开场景文件，创建翅膀煽动的关键帧动画。

② 建立层级链接关系，把除身体以外的其他部件作为子对象链接到蝴蝶身体上。

③ 为蝴蝶身体这个父对象创建路径动画。

 操作步骤

1．翅膀煽动的关键帧动画

（1）启动 3ds Max 2009 之后，打开本书配套光盘上"场景"文件夹中的文件"场景 8-2.max"，该场景中有一只三维蝴蝶模型，如图 8-7 所示。这只蝴蝶翅膀的轴心已经调整到与身体相连的边缘。

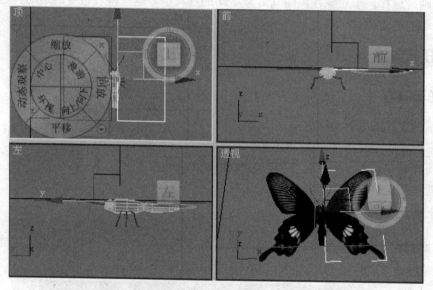

图8-7　三维蝴蝶模型

（2）设置动画时间。单击动画控制区中的 按钮，在弹出的【时间配置】对话框中，将【长度】参数的值修改为 300。

（3）设置翅膀的动作。按下【自动关键点】按钮，开始录制动画。到第 10 帧处，在前视图中分别将蝴蝶的两只翅膀由水平状态旋转±70°。再将时间滑块移动到 20 帧处，设置蝴蝶的翅膀向下煽动。分别将翅膀从原来的位置向下旋转±90°，最后再次单击【自动关键点】按钮，结束动画的录制。

（4）由于翅膀的煽动都是重复的动作，所以不需要设置每一次煽动，在此通过轨迹窗口设置翅膀张合的重复动作。单击选择蝴蝶的一只翅膀后，再单击工具栏中的 按钮，打开【轨迹视图-曲线编辑器】窗口。在【轨迹视图-曲线编辑器】窗口中，将第 0 帧的坐标值改为 20 和第 20 帧的值一致，以避免翅膀煽动出现跳跃。修改后的参数和曲线如图 8-8 所示，然后再单击工具栏中的 按钮，打开【参数曲线超出范围类型】对话框，单击选择其中的【往复】类型后，按【确定】按钮。这样，翅膀一张一合的动作将在整个动画过程中重复。用相同的方法，制作另一只翅膀一张一合的动画效果。

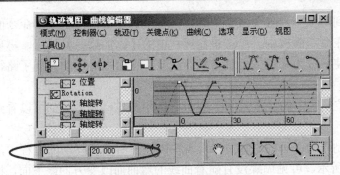

图8-8 【轨迹视图-曲线编辑器】窗口

2．为蝴蝶身体的各部件建立链接关系

单击工具栏的【选择并链接】工具，在顶视图单击作为子对象的一只翅膀，按住鼠标左键不放，拖动鼠标，当光标移动到作为父对象的身体上时，放开鼠标左键。这样身体和翅膀的父子关系就建立好了。使用相同的方法依次建立另一只翅膀及触角、足与身体的链接关系。

3．为蝴蝶创建路径动画

（1）首先在视窗中使用二维画线命令绘制一条曲线，这条曲线将成为蝴蝶的飞行路线。

（2）在视图中选择蝴蝶的身体，单击命令面板上方的 ⊛ 按钮，打开运动命令面板。

（3）在运动面板中展开【指定控制器】卷展栏，如图 8-9 所示。

> **提示**
>
> 使用 🔗 按钮建立链接，只能从子物体到父物体，操作顺序不能反。

（4）在【指定控制器】卷展栏中选择位置，然后单击其左上方的 ？ 按钮，弹出【指定位置控制器】对话框。在对话框中单击选择【路径约束】，如图 8-10 所示，最后单击【确定】按钮，关闭对话框。

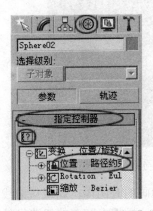

图8-9 运动面板中的【指定控制器】卷展栏

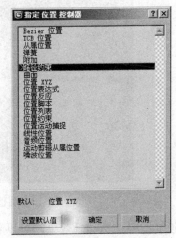

图8-10 【指定位置控制器】对话框

（5）把光标放到面板空白处变成手形时，按住鼠标左键，向上拖动命令面板，使【路径参数】卷展栏出现在命令面板中。单击该卷展栏中的【添加路径】按钮，再单击选择视图中的二维线条图形，使它成为蝴蝶的行进路径。注意，这时蝴蝶自动移到了路径图形的起始节点处。

（6）单击动画控制区中的 ▶ 按钮，在顶视图中预览动画效果。可以看到蝴蝶沿着弯曲的路径线条移动。

仔细观察刚才制作的动画效果，可以发现蝴蝶在沿着曲线移动的过程中，始终保持原有的方向，如图 8-11 所示，可见蝴蝶没有随着曲线的弯曲而改变方向。下面，将通过相关的参数设置，使蝴蝶随着行进路径曲线的变化而自动调整方向和角度。

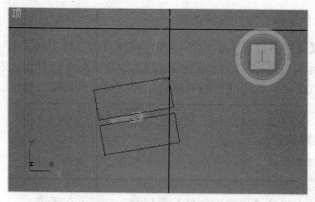

图8-11　蝴蝶身体没有随着曲线的转向而改变方向

（7）确认蝴蝶身体被选中，在【运动】命令面板的【路径参数】卷展栏中，选择【跟随】复选框。从顶视图可以看出，蝴蝶的身体朝向了前进的方向，但与路径还存在一定的夹角。下面要旋转蝴蝶身体，使其完全与路径平行。

（8）单击工具栏中的 ↻ 按钮，在顶视图中绕 Z 轴适当旋转蝴蝶身体，使蝴蝶头部朝着路径前进的方向并且平行于路径，如图 8-12 所示。

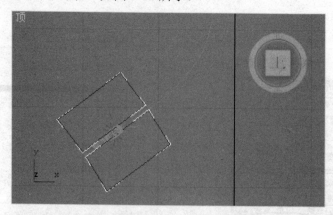

图8-12　调整角度后的蝴蝶与路径

（9）在顶视图中预览动画效果，可以看到在整个动画的时间内，蝴蝶从曲线路径的起始点开始，沿着路径行进至曲线的终点处。在行进过程中，蝴蝶会随着曲线路径的变化而自动调整方向，使蝴蝶的头部始终朝着前进的方向。

（10）确认透视图被激活，单击工具栏中的  按钮渲染动画。最后，单击【文件】菜单，在弹出的下拉菜单中选择【查看图像文件】菜单命令，播放动画文件。

8.2.3　知识链接 1：路径约束的有关参数

给对象指定了运动路径之后，可在运动命令面板的【路径选项参数】卷展栏中，设置有关的参数，如图 8-13 所示。【路径选项参数】卷展栏的主要参数如下：

%沿路径　指定对象沿着路径运动的百分比。

给对象指定了一个运动路径之后，系统将把当前动画范围的起始帧和终止帧设置为两个关键帧。其中：起始帧记录了对象在路径起点的状态，在起始帧处，【%沿路径】的值为 0%；终止帧则记录了对象在路径终点的状态，在终止帧处，【%沿路径】的值为 100%。如果在当前动画范围内，只需要对象从路径的起点移到路径的中间位置，则应在当前动画范围的终止帧处，将【%沿路径】的值设置为 50%。

跟随　设置对象的某个局部坐标系与运动的轨迹线相切。

与轨迹线相切的默认轴是 X 轴，可以在【路径参数】卷展栏底部的【轴】栏中，设置与运动轨迹线相切的轴向。跟随是一个非常有用的选项，它可以使对象沿着路径运动时，自动根据路径曲线的变化而调整自己的方向。

图8-13　【路径参数】卷展栏

倾斜　使对象局部坐标系的 Z 轴朝向轨迹曲线的中心。

在弯道上骑摩托车时，摩托车会朝弯道内侧倾斜。利用【倾斜】选项，就可以产生这种对象在转弯处倾斜的效果。

只有选择了【跟随】选项后才能选择【倾斜】选项。对象倾斜的程度可由【倾斜】量参数设置，该参数值越大，对象就倾斜得越厉害。

删除路径　取消已经指定给对象的运动路径。

在视图中选择指定了运动路径的对象，然后在运动命令面板的【路径参数】卷展栏中，单击【删除路径】按钮即可。

8.2.4　知识链接 2：【轨迹视图-曲线编辑器】窗口界面

单击工具栏中的 █ 按钮，即可打开【轨迹视图-曲线编辑器】窗口，其操作界面可以分为 5 个部分，即：菜单栏、工具栏、层级列表框、编辑窗口、导航工具栏，如图 8-14 所示。

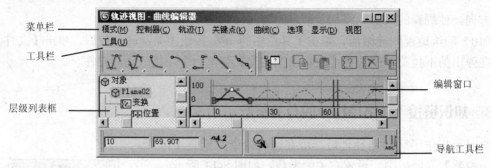

图8-14   【轨迹视图-曲线编辑器】窗口

1．工具栏

工具栏中主要包括一组用于编辑关键帧的按钮，其中常用按钮的功能如下：

移动关键点   在编辑窗口中自由移动所选关键点。

滑动关键点   仅在水平方向上移动所选关键点。

缩放关键点   在两个关键帧之间压缩或扩大时间量。

缩放值   只改变当前关键点的参数值，而不改变关键点的位置。

添加关键点   单击该按钮后，可在编辑窗口的曲线上增加关键点。

绘制曲线   单击该按钮后，可在编辑窗口中直接绘制动画曲线。

减少关键点   单击该按钮后，可删除当前所选的关键点。

将切线设置为自动   在编辑窗口中通过关键点两端的控制柄来调整关键点前后的曲线弯曲程度。

将切线设置为慢速   将所选关键点切线设置为减速变化的效果。

将切线设置为快速   将所选关键点切线设置为加速变化的效果。

将切线设置为阶跃   将所选关键点切线设置为阶跃状切线。

将切线设置为线性   将所选关键点切线设置为线性切线。

将切线设置为平滑   将所选关键点切线设置为平滑过渡的变化效果。

2．层级列表框

【轨迹视图-曲线编辑器】窗口的左边是层级列表框，其中列出了场景中的所有对象及其动画特性，包括声音、材质、环境和对象等项目。

在层级列表框中，单击项目前面的加号"+"，可以展开层级列表，这样即可查看相关的动画特征参数并访问下一个层次。层级列表展开后，加号"+"会变成减号"-"，单击减号"-"可以使展开的项目折叠起来。

3．编辑窗口

层级列表框的右边是编辑窗口，可在其中移动或复制动画关键帧，修改关键帧的属性以及调整动画曲线。

在层级列表框中选择的项目不同，编辑窗口内就会显示出不同的内容。层级列表框的对象项目下列出了位置、旋转和缩放 3 个变换方式，以及 X 轴、Y 轴、Z 轴 3 个坐标轴，可选择其中一种变换方式的一个轴向进行动画曲线的编辑。

4．导航工具栏

显示控制工具栏位于【轨迹视图-曲线编辑器】窗口的右下方，其中常用按钮的功能如下：

🖐 **平移** 在编辑窗口中拖动手形光标，平移其中显示的内容，以方便进行编辑操作。

[] **水平方向最大化显示** 在水平方向上以最大化的形式显示出动画曲线。

▱ **最大化显示值** 在垂直方向上以最大化的形式显示出动画曲线。

🔍 **缩放** 在编辑窗口中拖动鼠标，对动画曲线进行整体缩放。

🔍 **缩放区域** 缩放编辑窗口的局部区域。

8.3 任务22：跳舞的字母——变形动画

8.3.1 预备知识：【变形器】修改器

使用【变形器】修改器可以更改网格、面片或 NURBS 模型的形状。还可以变形样条线形状和世界空间 FFD，以及从一个形状变形为另一个形状，【变形器】修改器还支持材质变形。

变形一般用于 3D 角色的口型同步和面部表情，但也可以用于更改任何 3D 模型的形状。对于变形目标和材质，共有 100 个可用通道。可以混合通道百分比，并且可使用混合结果创建新目标。在网格对象上，基础对象和目标对象上的顶点数必须相同。在面片或 NURBS 对象上，【变形器】修改器仅在控制点上起作用。这意味着可在基础对象上提高面片或 NURBS 曲面的分辨率，以便在渲染时增加细节。

1．选择【变形器】修改器

（1）菜单命令选择方法：首先选择要变形的对象，必须是网格、面片或 NURBS 类型的对象；然后选择菜单命令【修改器】→【动画】→【变形器】，如图 8-15 所示。

（2）命令面板选择方法：先选择变形操作的对象，然后单击屏幕右边 🖊 【修改】命令面板，在修改器列表中选择【变形器】。

2．【变形器】修改器参数

【变形器】修改器包含了如图 8-16 所示的五个卷展栏，在此由于篇幅的限制，只介绍将要用到的【通道列表】和【通道参数】两个卷展栏。

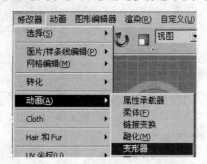

图8-15 【变形器】菜单命令的选择　　图8-16 【变形器】修改器面板卷展栏

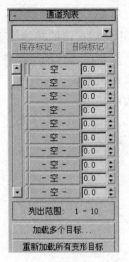

图8-17 【通道列表】卷展栏

（1）【通道列表】卷展栏

【通道列表】卷展栏如图 8-17 所示，上半部分包含管理标记的控件，标记在变形目标的列表中指定不同位置。除滚动以显示这些通道外，还可以从列表中选择标记以显示对应通道。

标记下拉列表 在列表中选择以前保存的标记，或者在文本字段中输入新名称，然后单击【保存标记】以创建新标记。

保存标记 移动滚动栏以包含特定的一组 10 个通道，在文本字段中输入名称，然后单击【保存标记】以存储通道选择。

删除标记 从下拉列表中选择要删除的标记名，然后单击【删除标记】可删除它。

通道列表 【变形器】修改器最多提供 100 个变形通道。使用滑块滚动通道。为通道指定变形目标后，该目标的名称显示在通道列表中。每个通道具有一个百分比值字段和一个用于更改该值的微调器。可在通道参数卷展栏中更改通道名和顺序。

列出范围 显示通道列表中的可见通道范围。

加载多个目标 通过在选择对话框中选择对象名并单击【加载】，将多个变形目标加载到空通道中。如果目标数大于空通道数，会显示警告，并且不指定通道。

重新加载所有变形目标 重新加载所有变形目标。如果已对目标进行了编辑，通道会更新以反映更改。如果已从场景中删除变形目标，则会使用通道中存储的数据更新变形器，各种功能使用最后存储的变形数据。

活动通道值清零 如果已启用【自动关键点】，那么单击可为所有活动变形通道创建值为 0 的关键点。这便于防止关键点插补使模型变形。首先单击【活动通道值清零】，然后将特定通道设置为所需值；只有已改变的通道会影响模型。

自动重新加载目标 启用此命令可允许【变形器】修改器自动更新动画目标。使用此选项会造成性能损失。

（2）【通道参数】卷展栏

【通道参数】卷展栏如图 8-18 所示，此卷展栏顶部的通道编号按钮和通道名称字段反映通道列表中的当前活动通道。

通道编号 单击通道名旁边的编号会显示一个菜单。使用该菜单上的命令可分组和组织通道，还可以查找通道。

【创建变形目标】组

从场景中拾取对象 启用此命令并在视口中单击一个对象，将变形目标指定给当前通道。拾取对象会将其添加到"渐进变形"列表中。

捕获当前状态 选择一个空通道以激活此功能。单击可创建使用当前通道值的目标。捕获的通道始终为蓝色，因为其中包含变形数据但不包含特定几何体。使用"提取"可创建具有所捕获状态的网格副本。

图8-18 【通道参数】卷展栏

删除 删除当前通道的目标指定。

提取 选择蓝色通道并单击此选项，可使用变形数据创建对象。如果已使用"捕获当前状态"拍摄了一组通道值的快照，但之后希望编辑这组值，请使用"提取"创建新对象，拾取它作为通道目标，然后开始编辑。

【通道设置】组

使用限制 如果"全局参数"卷展栏中的"使用限制"已禁用，那么启用它可在当前通道上使用限制。

最小值 设置最低限制。

最大值 设置最高限制。

使用顶点选择 仅变形当前通道上的选定顶点。

【渐进变形】组

渐进变形执行类似于 TCB 动画控制器的基于张力的插补，会创建通过每个中间目标的平滑插补。

目标列表 列出与当前通道关联的所有中间变形目标。要将变形目标添加到列表中，请单击"从场景中拾取对象"。

上移 在列表中向上移动选定的中间变形目标。

下移 在列表中向下移动选定的中间变形目标。

目标百分比 指定选定中间变形目标在整个变形解决方案中所占百分比。

张力 指定中间变形目标之间的顶点变换的整体线性。值为 1.0 时，将创建"松"变换，使插补略微使每个目标泛光化。值为 0.0 时，会在每个中间目标创建直接的线性变换。

删除目标 从目标列表中删除选定的中间变形目标。

重新加载变形目标 将数据从当前目标重新加载到通道中。重新加载已调整或编辑的目标。如果通道列表中的活动变形目标条目为空，此按钮不可用，并显示文本"没有要重新加载的目标"。

8.3.2 任务实施

 任务目标

① 理解【变形器】修改器的功能特点。

② 掌握【变形器】修改器制作动画的方法。

 任务描述

使用【变形器】修改器制作一个字母跳舞的动画。具体效果请参见本书配套光盘上"任务相关文档"文件夹中的文件文件"任务 22.max"和"任务 22.avi"，其静态渲染图如图 8-19 所示。

图8-19 跳舞的字母

制作思路

首先将原物体进行复制，生成多个变形目标。然后对各个变形目标加以修改，做出不同的形态。对原物体添加【变形器】修改器，单击【自动关键点】按钮，记录动画。通过在不同关键帧调整【变形器】修改器参数，实现原物体形状的变化。

 操作步骤

1．制作动画前的准备工作

（1）打开场景文件。启动 3ds Max 2009 之后，打开本书配套光盘上"场景"文件夹中的文件"场景 8-3.max"，其中已创建了一个有舞台背景的字母对象。

（2）选中字母，单击工具栏中的 按钮，按住 Shift 键，拖动鼠标复制 4 个同样的字母。

（3）根据自己的喜好将这 4 个复制的字母进行修改变形，例如可以使用扭曲、弯曲、锥化、噪波等修改器将字母改变成不同的形状，效果如图 8-20 所示。

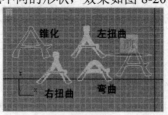

图8-20　各种修改器作用效果

2．创建动画

（1）选中没变形的原字母，单击透视图下方的【自动关键点】按钮，使该按钮变成深红色，进入动画录制状态。

（2）选择修改器列表中的【变形器】修改器，在【通道参数】卷展栏中单击【加载多个目标】按钮，将变形目标对象载入通道。

（3）设置关键帧。在不同的关键帧设置【通道参数】卷展栏中目标后文本字段的值。图 8-21、图 8-22 和图 8-23 分别是第 10 帧、第 55 帧和第 70 帧时的通道列表参数值。

（4）为了使动作更生动，可以在关键帧中配合变形加入位移动作。

（5）关键帧设置完成后，单击透视图下方的【自动关键点】按钮，使该按钮变成灰色，关闭动画录制状态。

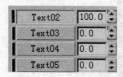　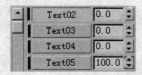　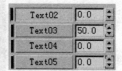

图8-21　第10帧参数值　　图8-22　第55帧参数值　　图8-23　第70帧参数值

（6）删除目标对象，清理场景。

（7）渲染输出动画。

8.4 任务23：闪烁的霓虹灯——材质动画

8.4.1 预备知识：设置材质动画的一般方法

一般物体的材质是固定不变的，但也有特殊存在，例如夜晚的霓虹灯就可以不断变换颜色。象这类材质不断变化的物体要表现这种变化的特性，就必须借助材质动画。

材质动画的一般表现方法：借助关键帧动画，通过设置关键帧，在不同的关键帧使用不同的材质，可以实现材质动画。

另外在制作霓虹灯这类材质动画时，为了达到逼真的效果，可以制作灯光动画来配合霓虹灯的照亮效果。

8.4.2 任务实施

任务目标

① 掌握材质动画的制作方法。

② 了解灯光动画的制作。

任务描述

制作霓虹灯闪烁的动画。具体效果请参见本书配套光盘上"任务相关文档"文件夹中的文件"任务 23.max"和"任务 23.avi"，其静态渲染图如图 8-24 所示。

图8-24 闪烁的霓虹灯

制作思路

① 打开场景文件，创建材质动画。

② 配合霓虹灯的照亮效果制作相应的灯光动画。

操作步骤

1．材质动画的制作

（1）打开场景文件。启动 3ds Max 2009 之后，打开本书配套光盘上"场景"文件夹中的文件"场景 8-4.max"，其中已创建了一面墙体和一个霓虹灯，如图 8-24 所示。

（2）选中星形霓虹灯，单击透视图下方的【自动关键点】按钮，使该按钮变成深红色，进入动画录制状态。

（3）单击 M 键，打开【材质编辑器】。设置第 15 帧星形霓虹灯材质的【漫反射】颜色由红色变为橙色，其他参数如"自发光"和"反射"保持不变。

（4）将滑块依次移到第 30 帧、45 帧、60 帧、75 帧、90 帧和 100 帧处，设置材质的【漫反射】颜色分别为黄色、绿色、蓝色、紫色、白色和红色。

材质的自发光只能照亮自己，不能照亮环境，为了配合材质颜色的变化，需要设置灯光动画。

2．灯光动画的制作

（1）场景中有两盏泛光灯，一盏是 omni01，用于模拟星形霓虹灯发光效果，另一盏是 omni02，作为过渡光源，以产生更为柔和的照明效果。选中 omni01，设置灯光动画。

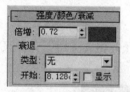

图8-25　【强度/颜色/衰减】卷展栏

（2）将滑块移回到第 0 帧，单击【修改】按钮，展开泛光灯参数设置面板，【强度/颜色/衰减】卷展栏如图 8-25 所示，修改灯光的颜色为红色。

（3）将滑块依次移到第 15 帧、30 帧、45 帧、60 帧、75 帧、90 帧和 100 帧处，修改泛光灯的颜色为橙色、黄色、绿色、蓝色、紫色、白色和红色。

3．渲染动画

（1）预览动画。激活透视图，单击屏幕右下方的【播放】按钮，预览动画效果。如果感觉效果还不错就可以渲染输出动画了。

（2）渲染动画。单击工具栏中的【渲染设置】按钮，弹出【渲染设置】对话框。在其中的【时间输出】栏中，选择【活动时间段】选项，再在【渲染输出】栏中，单击【文件】按钮，在弹出的对话框中选择要保存动画文件的路径，并输入动画文件的文件名，最后单击【保存】按钮返回【渲染设置】对话框。

（3）单击对话框底部的【渲染】按钮，开始逐帧渲染动画。动画渲染完成后，即可关闭【渲染设置】对话框。

8.5　拓展训练

8.5.1　飞行的战斗机

 训练内容

参照本书配套光盘上"实训"文件夹中的文件"实训 8-1.avi"，制作战斗机飞行的动画，其静态渲染图如图 8-26 所示。

图8-26　飞行的战斗机

 训练重点

① 熟悉在 3ds Max 2009 中制作动画的一般流程。
② 掌握关键帧动画的制作方法。
③ 理解动画的相关概念。
④ 渲染动画。

 操作提示

（1）打开"场景"文件夹中的文件"场景 8-5.max"。将飞机移到透视图窗口的边缘。
（2）制作动画。单击透视图下方的【自动关键点】按钮，使该按钮变成深红色，进入动画录制状态。拖动时间滑块到第 100 帧处，再按下工具栏中的 ⊕ 按钮。将飞机从右边缘拖动到窗口的左边缘。
（3）单击【自动关键点】按钮，使之恢复成灰色，结束动画的录制。
（4）激活透视图，再单击屏幕右下方的 ▶ 按钮预览动画效果。
（5）单击工具栏中的 🎬 按钮渲染动画。
（6）选择【文件】→【查看图像文件】菜单，打开动画文件查看动画。

8.5.2　荡漾的水面

 训练内容

参照本书配套光盘上"实训"文件夹中的文件"实训 8-2.avi"，制作一个水波荡漾的动画，其静态渲染图如图 8-27 所示。

图8-27　荡漾的水面

 训练重点

① 使用修改器制作动画的技术
② 渲染动画的相关设置。

 操作提示

（1）启动 3ds Max 2009 后，创建平面作为水面。

（2）制作水面荡漾的参照物，可以画水池，也可以画屹立水面的山，总之画的应是静止的物体模型。

（3）模型建好后，分别为模型赋贴图材质，完成后的场景如图 8-28 所示。

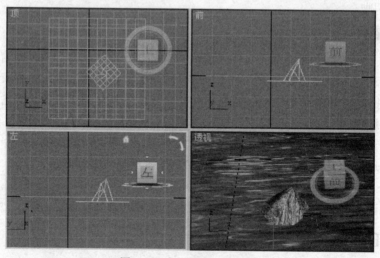

图8-28　水面和岩石的场景

（4）首先设置动画的长度为 300 帧。

（5）制作动画。选择水面模型，单击【修改】按钮 　，在修改器列表中选择【噪波】，设置相应的参数，使平面产生起伏效果。

（6）设置勾选【噪波】修改器【动画】组的【动画噪波】复选项，适当调整【相位】的参数值。

（7）激活透视图，再单击屏幕右下方的 ▶ 按钮预览动画效果。

（8）单击工具栏中的 🖳 按钮渲染动画。

（9）选择【文件】→【查看图像文件】菜单，打开动画文件观看动画。

 ## 习题与实训

一、填空题

1．人们在短时间内观看一系列相关联的静止画面时会将其视为连续的动作，每个单幅画面被称为_____。

2．PAL 制式的频率是_____FPS，NTSC 制式的频率是_____FPS。我国的电视信号采用_____制式。

3．按住_____键不放，再在时间轴上拖动关键帧标记，就能复制该关键帧。

4．动画控制区中，🔃 按钮的名称是_____，⏮ 按钮的作用是_____。

5．如果把 A 对象连接到 B 对象上，那么父对象是_____，子对象则是_____。

6．一个子对象可以有_____个父对象，而一个父对象可以有_____个子对象。

7．能够被指定运动路径的对象，除了可以是三维或二维的物体之外，还可以是_____和_____等对象。

二、简答题

1．什么是关键帧动画？如何创建一个关键帧动画？

2．怎样修改动画的总时间？

3．在制作旋转动画和缩放动画时，如何调整轴心的位置？

4．如何解除链接关系？

三、上机操作

参照本书配套光盘上"实训"文件夹中的文件"实训 8-3.avi"，运用移动等动画技术，制作"星体运行"动画效果。

第9章 粒子系统和空间扭曲

内容导读

3ds Max 2009 提供了功能强大的粒子系统，使用粒子系统可以非常方便地创建雨、雪、烟、火花、瀑布、喷泉等动画效果。

空间扭曲可以通过空间作用对其他物体施加某种特定的影响。空间扭曲作用于粒子系统，可以制作出动态的水流、烟雾等效果。

本章重点介绍利用 3ds Max 2009 提供的粒子系统及空间扭曲，来制作雨、礼花、落叶等一些典型的动画特效。

知识要点

① 喷射粒子系统的应用。
② 超级喷射粒子系统的应用。
③ 空间扭曲的应用。

任务一览

任务24: 雨景——使用喷射粒子
任务25: 水池喷泉——使用超级喷射粒子和重力空间扭曲

9.1 任务24：雨景——使用喷射粒子

9.1.1 预备知识：粒子系统

粒子系统是 3ds Max 提供的特效工具，用于创建大量的粒子集合并制作粒子流的动画效果。粒子系统本身提供了一些简单的粒子形状，也可将场景中的任何几何体定义为粒子形状。粒子系统还能像普通几何体一样被赋予材质。

在【创建】→【几何体】命令面板的下拉列表中，选择【粒子系统】，即可进入创建粒子系统的命令面板，其中提供了 7 种粒子系统，如图 9-1 所示。

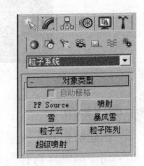

PF Source（粒子流） 一种功能较强的粒子系统，可以制作多种粒子动画效果。

喷射 最基本最简单的粒子系统之一，主要用来制作下雨、瀑布等效果。

雪 最基本最简单的粒子系统之一，主要用来制作下雪效果。

暴风雪 同样用于模拟雪景，但比雪粒子系统功能强大。

图9-1 创建粒子系统的命令面板

粒子云 可以选择不同形状的发射器。

粒子阵列 可以选择从某一物体发射粒子，粒子分布多样。

超级喷射 从一个点向外发射粒子流。可以使用场景中的几何体来作为粒子形状。

粒子系统分为两种类型，即事件驱动和非事件驱动。其中，PF Source（粒子流）属于事件驱动粒子系统，它测试粒子属性，并根据测试结果将其发送给不同的事件。粒子位于事件中时，每个事件都指定粒子的不同属性和行为。

喷射、雪、暴风雪、粒子云、粒子阵列、超级喷射属于非事件驱动粒子系统。这种粒子系统为随时间生成粒子对象提供了相对简单且直接的方法，可以模拟雪、雨、尘埃等效果。

9.1.2 任务实施

任务目标

① 了解粒子系统的作用。
② 掌握喷射粒子系统的使用方法。

任务描述

使用喷射粒子制作下雨的动画效果，并用一幅湖岸树林图片作为动画背景。具体效果请参见本书配套光盘上"任务相关文档"文件夹中的文件"任务 24.max"和"任务 24.avi"，其静态渲染图如图 9-2 所示。

图9-2　雨景

 制作思路

① 创建喷射粒子发射器，通过粒子参数的设置来模拟下雨的动画。

② 用一幅湖岸树林图片作为动画背景，以烘托整个动画氛围。

操作步骤

1．制作下雨的动画

（1）打开【创建】→【几何体】命令面板，在下拉列表中选择【粒子系统】。

（2）在【对象类型】卷展栏中，使用【喷射】命令，在顶视图中拖放鼠标创建一个喷射粒子发射器，在前视图中，将粒子发射器移到视图上方，如图 9-3 所示。

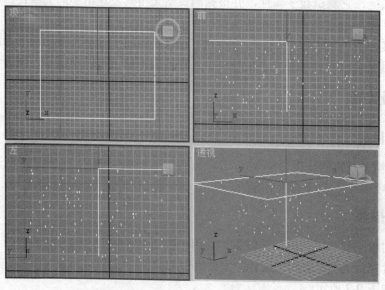

图9-3　创建喷射粒子发射器

（3）预览动画。激活透视图，再单击动画控制区中的 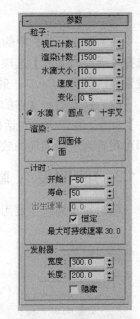 按钮预览动画效果。

（4）设置粒子参数。选择粒子发射器后，在【修改】面板的【参数】卷展栏中，设置【视口计数】和【渲染计数】的值均为 1500，设置【水滴大小】的值为 10，【变化】的值为 0.5。在【计时】栏中，设置【开始】的值为-50，【寿命】的值为 50。在【发射器】栏中，设置【宽度】和【长度】的值分别为 300 和 200，其他参数如图 9-4 所示。

2．设置雨滴材质

（1）单击工具栏中的 按钮或按 M 键，打开材质编辑器。将一个示例球材质指定给粒子发射器。在【Blinn 基本参数】卷展栏中，设置雨滴材质的【漫反射】颜色为淡蓝色，设置【高光级别】为 60，【光泽度】为 40。

（2）在【扩展参数】卷展栏中，设置【衰减】为【内】方式，【数量】为 80，设置【类型】为【相加】。渲染透视图，效果如图 9-5 所示。

图9-4　设置喷射粒子的参数

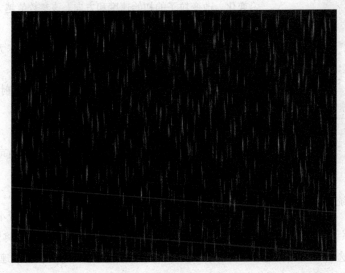

图9-5　雨滴的材质效果

3．设置背景图片

（1）选择【渲染】→【环境】菜单，在打开的【环境效果】对话框的背景栏中，单击【无】长按钮。

（2）在弹出的【材质/贴图浏览器】窗口中，双击位图，然后在弹出的对话框中选择一幅湖岸树林的图片（本书配套光盘上"任务相关文档\素材"文件夹中的"湖岸.jpg"文件）作为动画的背景。

4．渲染动画

（1）单击工具栏中的 按钮，弹出【渲染场景】对话框。在其中的【时间输出】栏中，选择【活动时间段】选项，再在【渲染输出】栏中，单击【文件】按钮，将输出的动画文件设置为"任务 24.avi"，最后单击对话框底部的【渲染】按钮，逐帧渲染动画。

（2）观看动画文件的效果。选择【文件】菜单，在弹出的下拉菜单中选择【查看图像文件】命令。在弹出的对话框中选择刚才生成的动画文件"任务 24.avi"，再单击【打开】按钮，即可观看到下雨的动画效果。

9.1.3　知识链接 1：喷射粒子的主要参数

喷射粒子系统主要用于模拟雨、喷水等水滴效果，其参数如图 9-6 所示。

图9-6　喷射粒子系统的参数

粒子　用于设置粒子的数量、大小、速度等。

视口计数　设置视图中粒子的显示数量。

渲染计数　设置渲染时显示的粒子数量。

水滴大小　设置水滴的尺寸大小。

速度　每个粒子离开发射器时的初始速度。粒子以此速度运动，除非受到粒子系统空间扭曲的影响。

变化　改变粒子的初始速度和方向。该参数值越大，喷射越强并，且范围越广。

水滴、圆点、十字叉　设置粒子在视图中的显示方式。此项设置不影响粒子的渲染方式。

渲染　用于设置渲染时粒子的形状。喷射粒子有两种渲染方式：四面体和面。

计时　控制粒子的出生和消亡速率。

开始　设置发射器从第几帧开始发射粒子，其值可以是包括负值在内的任何帧值，默认值为 0。

寿命　设置粒子的生命周期（以帧为单位计数）。

出生速率　每一帧发射的粒子数量。如果此设置小于或等于最大可持续速率，那么粒子系统将生成均匀的粒子流。如果此设置大于最大速率，则粒子系统将生成突发的粒子。

恒定　启用该选项后，"出生速率"不可用，这时所用的出生速率等于最大可持续速率。禁用该选项后，"出生速率"可用。默认设置为启用状态。

发射器　设置粒子发射器的大小。

宽度和长度　设置粒子发射器的宽度和长度。

隐藏　勾选该复选框后，粒子发射器将不在视图中显示出来。

粒子发射器是不能被渲染的。

9.1.4 知识链接 2：雪粒子的主要参数

雪粒子系统主要用于模拟降雪或投撒的纸屑动画，其参数如图 9-7 所示。

雪粒子系统和喷射粒子系统的主要参数基本相同，下面仅介绍雪粒子系统特有的参数。

粒子 用于设置粒子的数量、大小、速度等。

雪花大小 设置生成的雪花粒子的大小。

翻滚 设置雪花粒子的随机旋转量。此参数可以设置在 0 到 1 之间。设置为 0 时，雪花不旋转；设置为 1 时，雪花旋转最多。每个粒子的旋转轴随机生成。

翻滚速率 设置雪花的旋转速度。

雪花、圆点、十字叉 设置粒子在视图中的显示方式。此项设置不影响粒子的渲染方式。

渲染 用于设置渲染时粒子的形状，可设置为六角形、三角形或正方形的面。

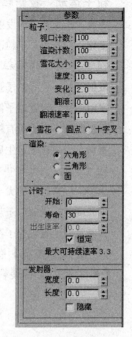

图9-7 雪粒子系统的参数

9.2 任务25：烟花——使用超级喷射粒子和重力空间扭曲

9.2.1 预备知识：超级喷射粒子的主要参数

超级喷射粒子系统从一个点向外发射粒子流。与喷射粒子系统相比，超级喷射粒子系统的功能更加强大，其参数设置也更加复杂。

（1）【基本参数】卷展栏

超级喷射粒子系统的【基本参数】卷展栏如图 9-8 所示。

轴偏离和扩散 设置粒子流与发射中心 Z 轴之间的偏离角度，以产生斜向的喷射效果。其下的【扩散】参数用于设置粒子的扩散范围。

平面偏离和扩散 设置粒子流在发射器平面上的偏离角度（如果【轴偏离】设置为 0，则此项设置无效）。其下的【扩散】参数用于设置粒子在发射器平面上发射后散开的角度，可产生空间喷射的效果。

（2）【粒子生成】卷展栏

超级喷射粒子系统的【粒子生成】卷展栏用于设置粒子产生的时间和速度、粒子的移动方式，以及不同时间粒子的大小，如图 9-9 所示。

粒子数量 设置粒子数量的确定方法。

使用速率 指定每帧发射的固定粒子数。使用微调器可以设置每帧产生的粒子数。通常，【使用速率】适用于连续的粒子流。

使用总数 指定在粒子系统寿命内产生的总粒子数。通常，【使用总数】适用于短期内突发的粒子流。

粒子运动　控制粒子的发射速度。

速度　指定粒子的发射速度。

变化　设置每一个粒子发射时速度的变化量。

粒子计时　指定粒子发射开始和停止的时间，以及各个粒子的寿命。

发射开始　设置粒子开始在场景中出现时所在的帧。

发射停止　设置粒子停止发射时所在的帧。

显示时限　设置所有粒子消失的帧。

寿命　设置粒子诞生后的生存时间（以帧数计）。

粒子大小　用于调整粒子的大小。

大小　设置粒子的大小。

增长耗时　设置粒子从很小增长到【大小】参数设置的值所经历的帧数。

衰减耗时　设置粒子在消亡之前缩小到【大小】参数值的 1/10 所经历的帧数。

（3）【粒子类型】卷展栏

【粒子类型】卷展栏用于设置粒子类型，以及对粒子执行的贴图的类型，如图 9-10 所示。

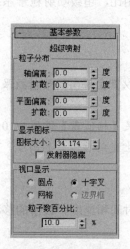

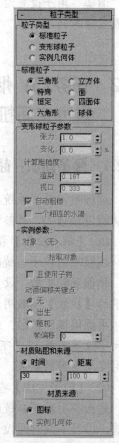

图9-8　超级喷射粒子系统的　　　图9-9　超级喷射粒子系统的　　　图9-10　超级喷射粒子系统的

　　【基本参数】卷展栏　　　　　　　【粒子生成】卷展栏　　　　　　　【粒子类型】卷展栏

粒子类型　可在此参数栏中设置粒子为标准粒子、变形球粒子或实例几何体粒子。启用每一个粒子类型后，其后相应的参数设置将被激活。

标准粒子　在【粒子类型】中选择【标准粒子】后，此参数栏被激活，其中提供了 8 种不同的标准粒子类型。

变形球粒子参数　在【粒子类型】中选择【变形球粒子】后，此参数栏被激活。变形球粒子是一种可以黏在一起的粒子，可用于制作流动的液体效果。

实例参数　在【粒子类型】中选择【实例几何体】后，此参数栏被激活。单击其中的【拾取对象】按钮后，可在视图中选择要作为粒子使用的对象。

9.2.2　任务实施

 任务目标

① 掌握超级喷射粒子系统的使用方法。

② 理解重力空间扭曲的作用，掌握其使用方法。

 任务描述

本任务将使用超级喷射粒子系统和重力空间扭曲制作烟花燃放的动画，具体效果请参见本书配套光盘上"任务相关文档"文件夹中的文件"任务 25.max"和"任务 25.avi"，其静态渲染图如图 9-11 所示。

图9-11　燃放的烟花

 制作思路

① 由下向上喷射的烟花可由超级喷射粒子来模拟，烟花在高处向下落的效果则可以使用重力空间扭曲来实现。

② 使用"粒子年龄"材质可以使粒子的色彩在动画过程中随着粒子的生命期发生变化，从而使整个画面更具动感。

 操作步骤

1. 创建场景

（1）启动 3ds Max 2009 后，使用【创建】→【几何体】命令面板中的【圆柱体】命令，在视图中创建一个圆柱体，设置其半径为 10，高为 50。

（2）创建超级喷射粒子。在【创建】→【几何体】命令面板的下拉列表中，选择【粒子系统】。在【对象类型】卷展栏中，单击【超级喷射】命令按钮，然后在顶视图中拖放鼠标创建一个超级喷射粒子发射器。

（3）单击工具栏中的 🔷 按钮，将粒子发射器的轴心与圆柱体的轴心对齐，效果如图 9-12 所示。

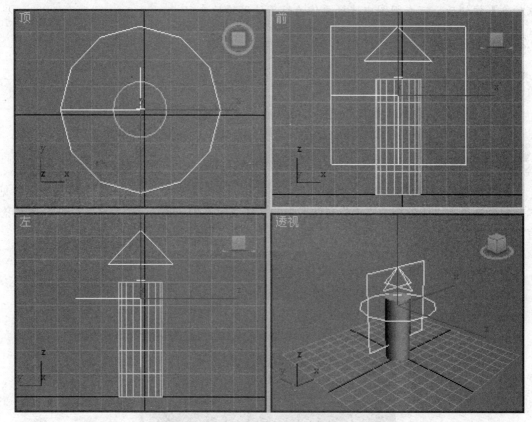

图9-12　超级喷射粒子发射器和圆柱体

2．设置超级喷射粒子的参数

（1）激活透视图，单击动画控制区中的 ▶ 按钮预览动画效果。这时，可以看到粒子呈线形喷射，且粒子的数量很少，如图 9-13 所示。

（2）设置粒子参数。确认超级喷射粒子被选择，进入【修改】命令面板。在【基本参数】卷展栏的【粒子分布】栏中，将【轴偏离】下面的【扩散】设置为 30，再将【平面偏离】下面的【扩散】值设置为 180。单击动画控制区中的 ▶ 按钮预览动画效果，可以看到粒子呈锥形分散状态喷射。

（3）设置粒子数量。在【基本参数】卷展栏的【视口显示】栏中，将【粒子数百分比】的值从原来的 10 设置为 100，这时视图中的粒子数量变多了。在【粒子生成】卷展栏的【粒子数量】栏中，设置【使用速率】值为 100，效果如图 9-14 所示。

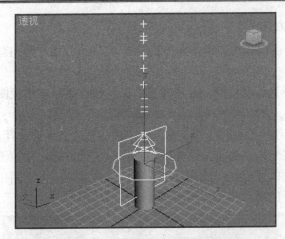

图9-13 超级喷射粒子的初始喷射状态

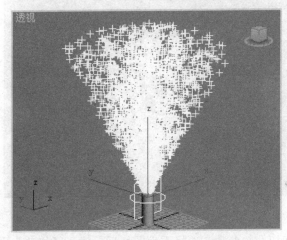

图9-14 调整粒子数量后粒子的喷射状态

（4）在【粒子生成】卷展栏的【粒子计时】栏中，设置【发射开始】为-30，【发射停止】为 100。在【粒子大小】栏中，设置【大小】为 10。

（5）渲染透视图，效果如图 9-15 所示。

图9-15 粒子的初始渲染效果

3．为粒子施加重力作用

（1）在【创建】命令面板中，单击上方的 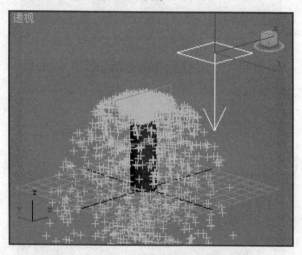 按钮进入【空间扭曲】面板。确认其下拉列表中为【力】选项。

（2）在【对象类型】卷展栏中，单击【重力】按钮，然后在顶视图中拖动鼠标创建一个重力空间扭曲图标。

（3）将重力图标与超级喷射粒子绑定在一起。确认重力图标被选择，单击工具栏中的 按钮后，在顶视图中将光标移到重力图标处，再按下鼠标左键，朝粒子发射器拖动鼠标，当连接的虚线拖到粒子发射器上后，放开鼠标左键，这样就把重力空间扭曲与超级喷射粒子绑定在了一起。这时粒子的喷射状态如图 9-16 所示。

图9-16　施加重力影响后粒子的喷射状态

（4）设置重力空间扭曲的参数。选择重力图标后，进入【修改】面板。在【参数】卷展栏中，将【强度】值由原来的 1 设置为 0.35，这时粒子的喷射状态如图 9-17 所示。

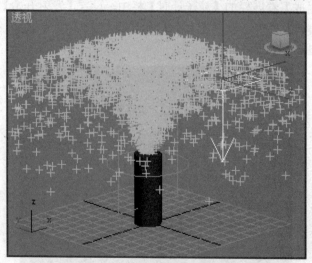

图9-17　调整重力强度后粒子的喷射状态

4．设置烟花材质

下面，为超级喷射粒子设置特定的材质，使其颜色在动画的过程中随着粒子的生命期发生变化。

（1）单击工具栏中的 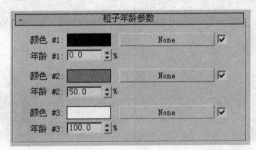 按钮或按 M 键，打开材质编辑器。将一个示例球作为烟花材质指定给超级喷射粒子。

（2）在【Blinn 基本参数】卷展栏中，设置烟花材质的【自发光】为 100。单击【漫反射】右侧的小方块按钮，在弹出的【材质/贴图浏览器】窗口中，双击【粒子年龄】，这时【粒子年龄参数】卷展栏即出现在材质编辑器中，如图 9-18 所示。分别将 Color #1、Color #2 和 Color #3 设置为白色、黄色和红色。

粒子年龄参数		
颜色 #1:	None	✓
年龄 #1: 0.0	%	
颜色 #2:	None	✓
年龄 #2: 50.0	%	
颜色 #3:	None	✓
年龄 #3: 100.0	%	

图9-18　【粒子年龄参数】卷展栏

（3）渲染透视图，可以看到不同位置的粒子呈现出不同的颜色。刚发射出的粒子为白色，发射到中间处的粒子为黄色，末端处的粒子则为红色，效果如图 9-19 所示。

图9-19　设置粒子材质后的效果

5．设置运动模糊效果

从渲染图中可以看出，作为烟花的粒子都非常清晰。为了增加真实感，下面为粒子系统设置运动模糊效果。

（1）创建目标摄影机。打开【创建】→【摄影机】命令面板，单击【目标】按钮，在顶视图中创建一个目标摄影机，并将透视图切换为摄影机视图。参照图 9-20 所示，调整摄影机的位置和角度。

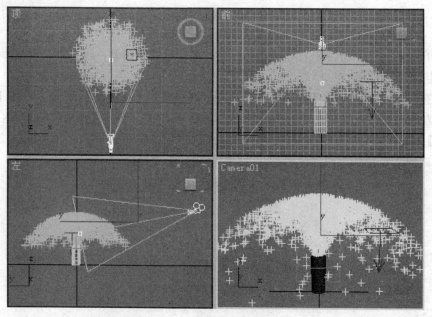

图9-20　摄影机的位置和角度

（2）启用摄影机的运动模糊特效。确认摄影机被选择，打开【修改】命令面板，在【参数】卷展栏的【多过程效果】栏中，选择【启用】复选框，并在其下拉列表中选择【运动模糊】。

（3）在【运动模糊参数】卷展栏中，将【持续时间（帧）】的值设置为3。

（4）拖动时间滑块到第25帧处，渲染摄影机视图，可以看到粒子具有了运动模糊效果，如图9-21所示。

图9-21　增加了运动模糊效果后粒子的喷射状态

6．渲染动画

激活摄像机视图后，单击工具栏中的 按钮渲染动画。最后，使用【文件】→【查看图像文件】菜单，播放动画文件。

9.2.3 知识链接：空间扭曲

空间扭曲是一种特殊的辅助建模工具。空间扭曲对象本身不可渲染，但能够使其他对象发生变形，产生爆炸、水波、风吹、流水等空间效果。

在创建命令面板中，单击面板上方的 按钮即可进入空间扭曲创建面板。3ds Max 2009 提供了 6 种类型的空间扭曲，如图 9-22 所示。其中，力空间扭曲通常与粒子系统绑定使用，用于表现粒子系统受到重力、风力、推力等外力作用的效果。"几何/可变形"空间扭曲可用于对几何体进行空间变形。"基于修改器"空间扭曲的效果则类似于编辑修改器，不同之处是基于修改器空间扭曲对象可作用于整个场景中的所有几何体。

图9-22 6种空间扭曲类型

1．应用空间扭曲的一般步骤

（1）创建要应用空间扭曲的对象，它们可以是粒子系统，也可以是几何体。

（2）创建空间扭曲对象。在创建命令面板中，单击面板上方的 按钮进入空间扭曲面板，然后在其下拉列表中选择需要的空间扭曲类型。

（3）在【对象类型】卷展栏中，单击一个空间扭曲命令按钮后，在视图中拖动鼠标创建一个空间扭曲对象。

（4）将空间扭曲对象与要扭曲的其他对象绑定在一起。单击工具栏中的【绑定到空间扭曲】 按钮后，在视图中选择空间扭曲对象，然后拖动鼠标到要扭曲的对象上，最后释放鼠标即可。

（5）调整空间扭曲对象的参数，或是调整空间扭曲对象与捆绑对象之间的相对位置。

下面，重点介绍用于粒子系统的力空间扭曲。

2．力空间扭曲

力空间扭曲可以改变粒子系统中粒子的喷射或洒落方向。有 9 种类型的力空间扭曲，如图 9-23 所示。

（1）推力空间扭曲

推力空间扭曲作用于粒子系统时，可产生一种大小和方向统一的推力，如图 9-24 所示。推力空间扭曲的参数如图 9-25 所示。

图9-23 力空间扭曲

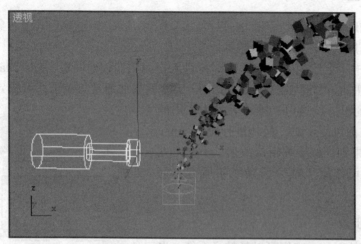

图9-24　推力空间扭曲效果　　　　　　　　　　　　图9-25　推力空间扭曲的参数

开始时间、结束时间　设置空间扭曲效果开始和结束时所在的帧编号。

强度控制　设置空间扭曲施加的力量及单位。

周期变化　通过随机地影响"基本力"的值使力发生变化。

粒子效果范围　设置粒子受推力效果影响的范围。

（2）马达空间扭曲

马达空间扭曲产生一种旋转的推力影响粒子系统，如图 9-26 所示。马达图标的位置和方向都会对围绕其旋转的粒子产生影响。其参数大多数与推力空间扭曲相同。

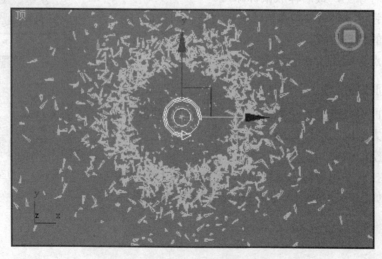

图9-26　马达空间扭曲效果

（3）漩涡空间扭曲

漩涡空间扭曲产生一种扭转的力作用于粒子系统，使其形成一个漩涡。可以模拟自然界的龙卷风、漩涡等效果，如图9-27所示。

漩涡空间扭曲的参数如图9-28所示。

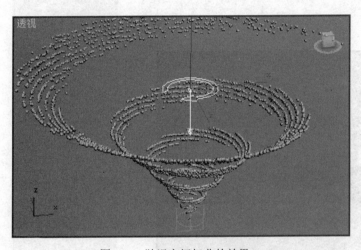

图9-27　漩涡空间扭曲的效果

图9-28　漩涡空间扭曲的参数

锥化长度　控制漩涡的长度。较小的值产生较紧的漩涡，而较大的值则产生较松的漩涡。默认设置为 100。

锥化曲线　控制漩涡的外形。较小的值创建的漩涡开口比较宽大，而较大的值创建的漩涡的边几乎呈垂直状。其取值范围为1~4。

轴向下拉　指定粒子沿下拉轴方向移动的速度。

范围　以系统单位数表示的距漩涡图标中心的距离，该距离内的轴向阻尼为全效阻尼。该参数只有在禁用了"无限范围"选项时才生效。

衰减　指定在"范围"外应用轴向阻尼的距离。

阻尼　定义阻尼的大小。

轨道速度　指定粒子旋转的速度。

径向拉力　指定粒子开始旋转时距下拉轴的距离。

顺时针/逆时针　指定粒子顺时针旋转还是逆时针旋转。

（4）阻力空间扭曲

阻力空间扭曲对粒子运动产生一种阻力，使粒子在指定的范围内以指定的量减慢运动速度。阻力空间扭曲对象有线性、球形和柱形 3 种形状。图 9-29 显示了使用球形阻力空间扭曲后超级喷射粒子的喷射状态。阻力空间扭曲的参数如图 9-30 所示。

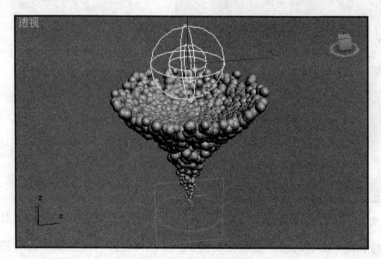

图9-29　阻力空间扭曲效果

图9-30　阻力空间扭曲的参数

线性阻尼　各个粒子的运动被分离到空间扭曲的局部 X、Y 和 Z 轴向量中。在其上对各个向量施加阻尼的区域是一个无限的平面，其厚度由相应的"范围"值决定。

球形阻尼　该模式下其图标是一个球体。粒子运动被分解到径向和切向向量中。阻尼应用于球形体积内的各个向量。

柱形阻尼　该模式下其图标是一个圆柱体。粒子运动被分解到径向、切向和轴向向量中。

（5）粒子爆炸空间扭曲

粒子爆炸空间扭曲创建一种使粒子系统爆炸的冲击波，如图 9-31 所示。粒子爆炸空间扭曲的参数如图 9-32 所示。

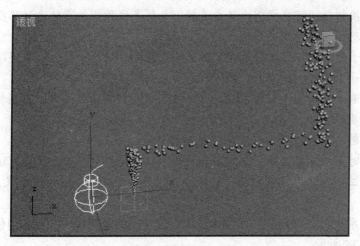
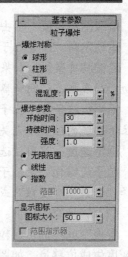

图9-31 粒子爆炸空间扭曲效果   图9-32 粒子爆炸空间扭曲的参数

爆炸对称 指定爆炸效果的形状。

球形 爆炸力从爆炸图标向外朝所有方向辐射,其图标形似一个球形炸弹。

柱形 爆炸力垂直于中心轴向外辐射,其图标形似一个带引线的炸药棒。

平面 爆炸力垂直于平面图标所在的平面朝上方和下方辐射,其图标形似一个带箭头的平面。

混乱度 爆炸力针对各个粒子或各个帧而变化。该设置仅在"持续时间"设置为 0 时有效。

爆炸参数 设置爆炸的开始时间及持续时间,以及爆炸强度和范围。

(6)路径跟随空间扭曲

路径跟随空间扭曲对象可以使粒子系统沿着指定的路径运动,如图 9-33 所示。

路径跟随空间扭曲的参数如图 9-34 所示。

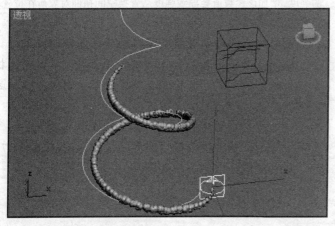
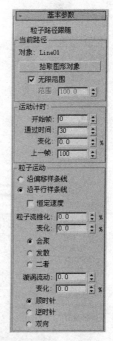

图9-33 路径跟随空间扭曲效果   图9-34 路径跟随空间扭曲的参数

拾取图形对象 单击该按钮后，可在视图中单击选择一个样条线作为粒子的运动路径。

运动定时 设置粒子受路径跟随影响的时间长短。

沿偏移样条线 如果粒子的发射点位于样条线的第一个顶点处，则粒子会沿样条线路径运动。如果把路径向背离粒子系统的方向移动，则粒子会受此偏移的影响。

沿平行样条线 粒子沿着一条平行于粒子系统的指定路径运动。在该模式中，路径相对于粒子系统的位置是无关紧要的。

恒定速度 启用该选项时，所有粒子都以相同的速度移动。

粒子流锥化 使粒子随时间以路径为中心全部会聚或发散，或者部分会聚或发散。通过选择"会聚"、"发散"或"二者"可以设置效果，从而在路径长度上产生一种锥化效果。

（7）置换空间扭曲

置换空间扭曲可对粒子系统和任何可变形几何体进行位置转换的空间扭曲，并应用位图的灰度生成位移量，如图 9-35 所示。

图9-35　置换空间扭曲效果

图9-36　置换空间扭曲的参数

置换空间扭曲的参数如图 9-36 所示。

置换 该参数栏提供置换空间扭曲的基本控制参数。

强度 设置置换空间扭曲的强度。

衰退 该参数值为 0 时，置换空间扭曲在整个世界空间内有相同的强度。增加该参数值会导致强度从置换空间扭曲对象所在位置开始随距离的增加而减弱。

图像 选择用于置换空间扭曲的位图和贴图。

贴图 提供了 4 种贴图模式，用于控制置换空间扭曲对象进行投影的方式，并控制在绑定对象上出现置换扭曲效果的位置。

（8）重力空间扭曲

重力空间扭曲可模拟自然界的重力影响，如图 9-37 所示。

重力空间扭曲的参数如图 9-38 所示。

图9-37　重力空间扭曲效果　　　　　　　　图9-38　重力空间扭曲的参数

强度　增大该参数值会加强重力的效果，即对象的移动与重力图标的方向箭头的相关程度。小于 0 的强度会创建负向重力。

衰退　该参数值为 0 时，重力空间扭曲用相同的强度贯穿于整个世界空间。增大该参数值会导致重力强度从重力空间扭曲对象的所在位置开始随距离的增加而减弱。

平面　重力效果垂直于重力扭曲对象所在的平面。

球形　重力效果为球形，并以重力扭曲对象为中心。

（9）风空间扭曲

风空间扭曲模拟风力影响，用于设置粒子受到风吹后的效果，如图 9-39 所示。风空间扭曲的参数如图 9-40 所示。

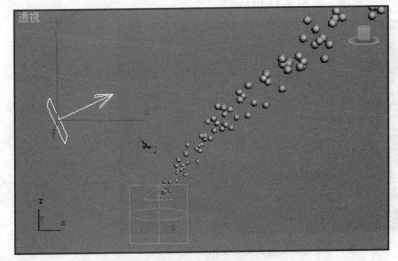

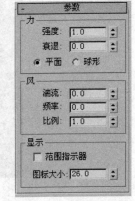

图9-39　风空间扭曲效果　　　　　　　　图9-40　风空间扭曲的参数

湍流　使粒子在被风吹动时随机地改变路线。该参数值越大，湍流效果就越明显。

频率　该参数值大于 0 时，会使湍流效果随时间呈周期变化。

比例　缩放湍流效果。

3．"几何/可变形" 空间扭曲

"几何/可变形" 空间扭曲用于对几何体进行空间扭曲变形，它包括了 7 种类型，如图 9-41 所示。

（1）FFD（长方体）和 FFD（圆柱体）

FFD 空间扭曲的作用类似于 FFD 编辑修改器，它可以同时作用于场景中的多个几何体，通过调整其控制点使绑定的几何体扭曲变形。

（2）波浪

用于创建线形波浪的变形效果，如图 9-42 所示。

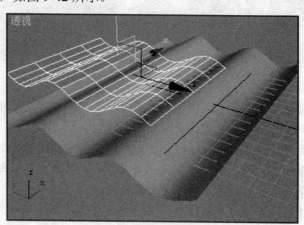

图9-41　几何/可变形空间扭曲　　　　　图9-42　波浪空间扭曲的变形效果

（3）涟漪

用于创建环形波浪的变形效果，如图 9-43 所示。

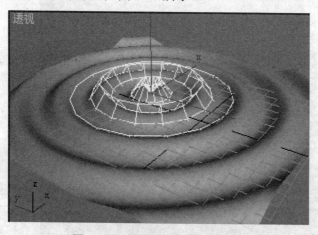

图9-43　涟漪空间扭曲的变形效果

（4）置换

可对物体进行位置转换的造型扭曲。通过对置换空间扭曲对象的位置、强度、贴图的调整来使物体局部造型发生空间位置上的变化，如图 9-44 所示。

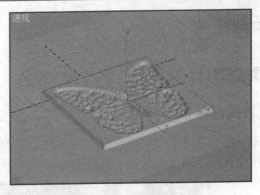

图9-44 置换空间扭曲加载的贴图及其变形效果

（5）适配变形

该空间扭曲可实现包裹功能，如图 9-45 所示。

图9-45 适配变形空间扭曲的变形效果

（6）爆炸

用于将物体爆炸成碎片，如图 9-46 所示。

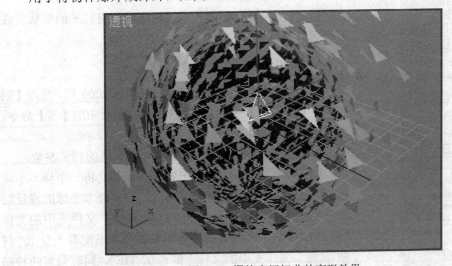

图9-46 爆炸空间扭曲的变形效果

9.3　拓展训练

9.3.1　飘落的叶片

 训练内容

参照本书配套光盘上"实训"文件夹中的文件"实训 9-1.max"和"实训 9-1.avi"，使用雪粒子系统制作叶子飘落的动画。其静态渲染图如图 9-47 所示。

图9-47　飘落的叶片

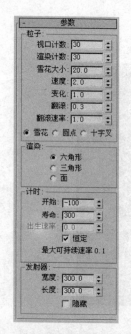

图9-48　设置雪粒子系统的相关参数

 训练重点

① 雪粒子系统的应用。

② 使用漫反射贴图和不透明度贴图将粒子的形状变成银杏树叶形状。

 操作提示

（1）创建雪粒子系统。启动 3ds Max 2009 后，使用【创建】→【几何体】→【粒子系统】命令面板中的【雪】命令，创建雪粒子系统。

（2）参照图 9-48 所示设置雪粒子系统的相关参数。

（3）设置粒子材质。打开材质编辑器，将一个样本小球作为叶子材质指定给雪粒子发射器。设置样本小球的漫反射颜色贴图为本书配套光盘上"材质\其他"文件夹中的文件"银杏 01.TIF"，再设置其不透明贴图为本书配套光盘上"材质\其他"文件夹中的文件"银杏 02.TIF"。同时设置两种贴图的 U、V 方向的平铺数均为 1.25。

（4）设置渲染背景。选择【渲染】→【环境】菜单，在打开的【环境效果】对话框的背景栏中，设置动画背景为本书配套光盘上"材质\其他"文件夹中的文件"银杏 03.JPG"。

（5）单击工具栏中的 按钮渲染动画。

9.3.2 星球爆炸

训练内容

参照本书配套光盘上"实训"文件夹中的文件"实训 9-2.max"和"实训 9-2.avi"，使用"爆炸"空间扭曲制作星球爆炸的动画。其静态渲染图如图 9-49 所示。

图9-49　星球爆炸

训练重点

① 空间扭曲的应用。

② "爆炸"空间扭曲的参数设置。

操作提示

（1）启动 3ds Max 2009 之后，使用【创建】→【几何体】命令面板中的【球体】命令，在顶视图中创建一个球体。

（2）单击面板上方的 按钮进入【空间扭曲】面板，然后在其下拉列表中选择【几何/可变形】空间扭曲类型。

（3）在【对象类型】卷展栏中，单击【爆炸】命令按钮，然后在顶视图中单击鼠标左键，创建一个爆炸空间扭曲对象。

（4）将爆炸空间扭曲对象与球体绑定在一起。确认爆炸图标被选定，单击工具栏中的 按钮后，在顶视图中将光标移到爆炸图标处，再按下鼠标左键，拖动鼠标到球体上，再释放鼠标左键即可。

（5）单击动画控制区中的 按钮，从视图中观察爆炸动画的效果。可以看出，球体是以爆炸图标的所在位置为爆炸中心。

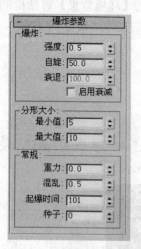

图9-50　设置爆炸参数

（6）调整爆炸图标的位置。在视图中将爆炸图标移到球体的中心位置，再次单击动画控制区中的 ▶ 按钮预览动画，可以看出爆炸中心成了球体自身的中心。

（7）设置动画时间。单击动画控制区中的 按钮，在打开的【时间配置】对话框中，将动画长度设置为200。

（8）设置爆炸空间扭曲的参数。选择爆炸图标，进入【修改】命令面板，参照图 9-50 所示，设置爆炸参数。

（9）单击动画控制区中的 ▶ 按钮，从透视图中预览动画，可以看出球体从 101 帧开始起爆。

（10）设置球体在第 101 帧之前的旋转效果。单击透视图下方的【自动关键点】按钮进入动画录制状态。拖动时间滑块到第 100 帧处，然后按下工具栏中的 ↺ 按钮，在顶视图中将球体绕 Z 轴旋转 720°。最后再次单击【自动关键点】按钮结束动画的录制。

（11）从透视图中预览动画效果。

（12）设置动画背景。选择【渲染】→【环境】菜单，在打开的【环境效果】对话框的背景栏中，设置动画背景为本书配套光盘上"材质\背景"文件夹中的文件"星空.JPG"。

（13）单击工具栏中的 按钮渲染动画。

习题与实训

一、填空题

1．在【创建】→【几何体】命令面板的下拉列表中，选择＿＿＿＿＿＿＿＿＿＿＿＿，即可进入创建粒子系统的命令面板。

2．3ds Max 2009 提供了 7 种粒子系统，它们是 PF Source、＿＿＿＿＿＿＿＿＿＿、＿＿＿＿＿＿＿＿、＿＿＿＿＿＿＿＿＿、阵列、粒子云和＿＿＿＿＿＿＿＿。

3．3ds Max 2009 提供了 6 种类型的空间扭曲，其中，＿＿＿＿＿＿＿＿＿＿类型的空间扭曲通常用于对几何体进行空间变形，＿＿＿＿＿＿＿＿＿＿＿空间扭曲通常与粒子系统绑定使用，用于表现粒子系统受到重力、风力、推力等外力作用的效果。

4．使用"几何/可变形"空间扭曲中的＿＿＿＿＿＿＿＿＿，可以制作爆炸效果。

二、简答题

1．简述创建粒子系统的一般步骤。

2．简述应用空间扭曲的一般步骤。

3．力空间扭曲有哪几种类型？

三、上机操作

参照本书配套光盘上"实训"文件夹中的文件"实训 9-3.max"和"实训 9-3.avi"，制作茶壶倒水的动画，如图 9-51 所示。

图9-51 茶壶倒水